吉田松陰『孫子評註』を読む

日本「兵学研究」の集大成

森田吉彦
Morita Yoshihiko

PHP新書

まえがき

江戸時代の「孫子研究」の到達点

幕末の兵学者・吉田松陰の主著『孫子評註』を詳しくとりあげ、読み解くこと。それが、本書の主題である。なぜ、『孫子評註』をとりあげるのか。

兵学の古典は何かと問われれば、今日では第一に『孫子』が挙げられるだろう。かつての日本では『孫子』よりも『六韜』『三略』の方が重視された時期もあったが、遅くとも江戸時代以降、『孫子』こそが大陸の兵学の古典であると捉えられるようになった。

寺子屋の教育といえば『論語』が思い浮かぶように、江戸の学問はさしあたり大陸のそれを基礎にしていたから、その兵学の古典ということは、すなわち兵学の古典中の古典として扱われたということになる。実際、第一義的に兵学者であった山鹿素行のような人物だけでなく、新井白石や荻生徂徠、佐藤一斎をはじめとした名だたる学者たちが、『孫子』の註釈

——当時の学問とは古典に註釈することであった——に取り組んでいる。

ここで最初に指摘しておかなければならないことは、江戸時代の日本人にとって、『孫子』を理解することは必ずしも容易ではなかったということである。それは、彼らの漢文読解力の高さを考えると意外なことであるが、問題はただ単に文章を読むことにはなかった。

簡単にいえば、『孫子』に書かれた内容が、泰平の世を生き始めた武士たちには理解しがたいものだったからであった。彼らは、儒学的な観点ないし武士道的な観点に立って、例えば「兵は詭道なり」のような語をどう理解すれば良いのか（詳しくは、始計第一を参照）、なかなか呑みこめずに甲論乙駁したのであった。

次に強調しておきたいのは、そうして曲がりなりにも積み重ねられてきた日本人の『孫子』研究の努力が、明治以降、あまり継承されなくなってしまったことである。それは第一に、近代化のなかでの西洋兵学への傾斜のためであり、第二に、西洋兵学を前提としながら『孫子』をあえて読もうとするときに生じる、本来の『孫子』にはない「東洋の神秘」めいた非合理な知恵への希求のためであり、第三に、日本の総合国力の劣等——相対的に国土が狭く資源が少なく人口が多く貧しく、さまざまな点で西洋列強に劣る——を前提とした読みの歪みのためであった。

　実のところ、日本の『孫子』研究の層は大変分厚く、本家を除くと、これほど盛んに『孫子』が論じられている国はない。にもかかわらず、今日『孫子』について書かれた数多の書物のほとんどが、明治以降のそうした偏りの枠に収まってしまっているように、私には思われる。

そうした問題点を克服し、今日改めて『孫子』を読み直すにはいくつか手立てがあろうが、一つには、その「枠」ができあがるよりも前、江戸時代の『孫子』読解の成果に立ち返るというのが有効であろう。

そのさい、まず一冊を選ぶとすれば、吉田松陰の『孫子評註』が最適である。なぜなら、『孫子評註』こそは、江戸時代の最後の局面で書かれた『孫子』註釈の一つであり、江戸時代に蓄積された『孫子』研究の集大成であるだけでなく、泰平日本の兵学がいよいよ実戦において試されることになったという意味では、その到達点でもあったからである。

兵学者・吉田松陰の「特別な書物」

吉田松陰は、一八三〇年に長州藩は萩（現在の山口県萩市）松本村に生まれ、一八五九年に江戸の伝馬町で処刑された。いわゆる安政の大獄で弾圧されることになった志士である。松陰の末期の地は現在公園になっているが、彼が残した「身はたとひ武蔵の野辺に朽ぬとも留置まし大和魂」の一句が歌碑として残る。「留置まし」の言葉通りに、その死後、彼が教えた松下村塾の所縁の者たちが志を引き継ぎ、西洋列強の脅威に対抗せんとしたことが、明治の近代国家建設へと結びついていったのであった。

松陰は、何よりも兵学者であった。山鹿素行を祖とする山鹿流兵学の師範の家を継ぎ、幼い頃から兵書を読んで育った。なかでも『孫子』は、何度も何度も読んだ座右の書である。一八四〇年、数え年で十一歳のまだ幼い松陰は、初めて親試——藩主を前にした講義——で素行の『武教全書』戦法篇を講じている。そこでも、鍵となるのは「事前に勝利を捉えてから後に戦いを求め」（軍形第四）、「相手より後に出発しても、先に到着することができる」（軍争第七）などなどの『孫子』に記された議論の如何であった。

一八四四年の親試でも松陰は『武教全書』を用いたが、このときはさらに、藩主の要望で『孫子』の虚実第六を追加で講じている。見事にこれに応えた彼は、特に賞されて『七書直解』十四冊を賜ることになった。

「七書」とは武経七書、宋の時代に選定された兵書の代表的な古典である『孫子』『呉子』『尉繚子』『六韜』『三略』『司馬法』『李衛公問対』のことであり、『七書直解』(『武経七書直解』とも)はそれに明の兵学者・劉寅が註釈を施したものである。修業中の兵学者として、これに優る褒美はなかったといって良い。松陰が、幼い頃から暗唱できるくらいに『孫子』を読んできた賜物であった。

そうした書物であったれば、松下村塾で『孫子』を読んだ講義録である『孫子評註』は、松陰にとっては、あらゆる著作のなかで最も特別な書物であったということができよう。松陰の著書といえば、今日では『講孟余話』や『留魂録』の名が真っ先に挙がるであろうが、彼自身にとっての本当の主著は、『孫子評註』であったと見るべきである。

事実、没後の一八六三年、そのことを知る弟子たちの手で松下村塾から最初に出版された松陰の著作こそ、『孫子評註』にほかならなかった。刑死した吉田松陰の名誉回復を図る流れのなかで、その著作を一緒に読もうと松下村塾に集っていた仲間たちに久坂玄瑞が提案する形で、この企画は実現していったのである。校訂は、最初の執筆時の講読に参加していた久保清太郎と中谷正亮が担当した。

なお、このとき印刷に用いた版木は明治になってやがて失われてしまったが、のち、松陰の叔父・玉木文之進に学んだ乃木希典が、自ら愛読書としていた『孫子評註』を世に広めるべく、改めて企画している。彼は、久坂が松陰から託された元の本を写真石版に付し、その後に松陰が付け加えた再跋については吉田家の家督を継いだ吉田庫三の筆を得て、これを頒布したのであった。

「練達者向けの難読書」を読み解く

ただし、今日一般には読まれていないことにも肯けるくらい、『孫子評註』は、一読して分かりやすい本ではない。一つ一つの註釈はおおむね短く、特に理論的な骨格にかかわるような部分ほど、端的・簡潔に要点だけを指し示すに留めている場合が多い。松陰自身、一八五九年、弟子の一人・野村和作（靖）に『孫子』の一読を勧める手紙のなかで、次のように語っている。本書での引用は基本的に現代語訳するが、ここは原文が分かりやすいので、片仮名の地の文を平仮名に改めるだけにして、そのまま引いてみたい。

――和作、孫子を読んでみる気はないか。僕孫子に妙を得たり。文章の上なり、恥ずかしいこと。兵意の妙はまるでしらず、尤も口上と筆頭は随分上手なり。拙著孫子評註あり。然れどもつい見せては解けもせず、妙も分らず。先づ白文を一通写し、直解・開宗又徂徠の国字解など読んで、白文にて明白に講釈の出来る上で拙著の評註を見よ。

つまり、松陰が『孫子評註』の読者として想定していたのは、まず『孫子』の全文を筆写し、明の兵学者・劉寅の『武経直解』や黄献臣の『武経開宗』、荻生徂徠の『孫子国字解』などの代表的な註釈書を読んで、自分なりに説明できるようになった人物ということになる。これは、なかなか大変なことである。さらに付言すれば、『孫子評註』のもう一つの特色であるが、『孫子』の行論の技術や文章の構造を捉えた論証であるとか、当時の時勢に結びつけた考察のような、大変個性的な註釈が少なくないことも、読むのを難しくさせる要因である。こちらの方は註釈が短すぎるということはないけれども、松陰の思考が飛躍するために、意味するところがすぐには分かりにくいのである。

もちろん本書では、そのような難読部分は適宜解説で補いながら、可能な限り分かりやすく解き明かしていきたい。松陰たちが松下村塾で読むときにそうしていたように、理解し考えやすいよう、古今の事例や現代の問題などともつなげながら、『孫子』と『孫子評註』を読んでいくというのが、この本の狙いである。

孫子の思想の意味するところは、具体例に当てはめて考えなければ腑に落ちないことも多いが、事例の選択を誤れば、何やら全然見当違いの話にもなってしまいかねない。吉田松陰が真摯に取り組み、具体的に考えたことを一つの手がかりとすることで、それに対して納得するにせよ、刺激を受けるにせよ、批判するにせよ、『孫子』を一段深く理解することができるようになるだろう。

松陰にとって『孫子』は座右の書であったが、彼自身も、孫子を心の師と仰ぐというよりは、思考をまとめる手がかりであり、繰り返し問いかけ、対話することのできる文字通りの古典であるものとして、数限りなく読み返しているのである。

松下村塾生たちに大きな影響を与えた書

なお、史料に基づく実証は難しいが、松陰の影響の下で『孫子』を学んだことは、松下村塾の弟子たちなどにさまざまな影響を及ぼし、時代を動かしたのに違いない。ここでは若干の例だけ挙げておこう。何といっても、久坂玄瑞と高杉晋作である。

久坂の方は、一八六四年、長州藩と幕府軍が戦った禁門の変に惨敗するなかで落命しており、実戦で活躍したとはいいがたい。しかし彼は、このとき、京都を追放された長州藩の大義名分を回復するという本来の目標だけを一貫して追求し、会津藩や薩摩藩など各藩を含む幕府方の大軍を相手に無謀な一戦に及ぶことには、再三反対している。少なくともその限りでは、久坂の言動は、以下本書でも見るような、始計第一をはじめとする『孫子』の主旨に適うものであった。

久坂や高杉と近しかった南貞助や野村靖ののちの証言によれば、久坂は、まだ時機は到来せず、進撃の準備が万全ではなく必勝の計画もないから、京都に入らずにまず要害を占拠して謀るべきだと主張したのである。ところが、年配で武勇を誇る遊撃隊総督・来島又兵衛に卑怯者と一喝され、会議を押しきられてしまったのであった。

　高杉も、禁門の変に至る来島たちの強硬策には反対であったが、当時は獄中にあった。同じく『孫子評註』に学んだ久坂たちの敗死の報に対しては、かの孫子でさえ、いうばかりで実行をともなっていないと批判されたのだからと嘆ずるほかなかったのである。

　高杉自身については、一八六六年に幕府の第二次長州征伐に抗した四境戦争で最大の激戦地となった、馬関方面小倉口の戦いが名高い。のちに松陰の兄・杉民治が、「用兵神の如し」と讃えた采配である。

　高杉はまず、孫子流にいえば「謀を伐ち、交を伐つ」（謀攻第三）べく、征長軍を構成する九州の各藩に長州藩の大義名分と幕府の不条理を訴える書簡を送り、切り崩しを図ろうとした。交戦意思が確かなのは小倉藩だけであると読んだうえ、書簡を薩摩藩の人間から届けてもらうことで薩長のつながりを示し、揺さぶりをかけるおまけつきである。

　彼はまた、敵の動きを知るために間者（スパイ）をよく用い、敵を破っても早々に戦闘を切りあげて長引かせず、連戦連勝して優位に立った。なおかつ、その後は、単なる力押しで決着をつけようとはしていない。

このときの「小倉戦争差図書（さしずしょ）」を見ると、彼の戦術像がよく示されている。

①いま切迫に小倉城を攻めれば必ず攻め落とすことができるが、無益の力を費やし、多くの味方を傷つけ、功が少ない。これより、戦わずして敵兵を屈する戦い方に戻る。

②日を選んで早朝から軍艦や砲台より空砲を撃ち、全軍を大里の町に上陸させ、山々の要害に陣取る。敵が籠城（ろうじょう）したら、地理を見定めて要害に野戦砲を据え、町を見下ろす山の木陰に陣を布（し）き、兵糧（ひょうろう）を炊き出して滞陣の準備を整える。夜にはかがり火を焚（た）いていまにも城に攻めこむ勢を見せ、敵を疲労させる。

③困窮した民には米を与えて人望を得る。なかに目端の利（き）く者がおれば間者とし、敵の情報を探らせる。

④離間策のために小倉に入った薩摩藩の伊集院兼寛（かねひろ）が馬関に帰ってくれば、ますます敵の情実がよく分かるだろうから、小さな城を一つ落とすくらいの策略は何とでもなる。

⑤ほかにも書きたいことはあるが、残りは機に合わせ、勢に拠（よ）って処置せよ。

抜粋して数字を振り、ところどころ意訳した。伊集院は薩摩藩士で、西郷隆盛の最初の妻の弟。すでに禁門の変の際に斥候（せっこう）として活躍しており、間者の実績があった。ただし、彼に対する依頼自体はさほど功を奏さなかったようで（『伊集院兼寛日誌』）、むしろ自軍の士気を鼓舞する意味合いが強かったかも知れない。ともあれ、高杉が『孫子評註』に学んだ成果が如実に反映されているといって、さしつかえない。戦いの終盤には、さらに次のような指令を出している。

⑥いまや攻めこむという勢を見せつければ、敵城内もたまりかねて、強者は打って出るだろうし、弱者は逃げていくだろう。箸を一本ずつ折るように敵を割（さ）けば良い。

いずれについても、松陰とともに『孫子』を読んだ跡が、いかにも窺（うかが）えよう。これから本書で見ていくように、①の「戦わずして敵兵を屈する」は、『孫子』謀攻第三の有名な一句であるが、城攻めを避けるための謀略という用法は、書かれた原義に非常に忠実である。②の布陣の注意は行軍第九の考え方であり、かがり火を焚いて敵を威圧するのは、軍争第七での松陰の術策的な――普通とは異なる――解釈に通ずる。③のように（掠奪するのではなく）施して人心を得ようとするのは、作戦第二をはじめ、人としての正しい道が兵学的な合理に結びつくことにこだわる松陰に連なる。また間者を用いて情報を重視するのは、④も併せて、もちろん用間第十三に適う。⑤は軍形第四・兵勢第五・虚実第六と続く基本的な戦いの筋道と合致し、⑥にある、敵を動かして各個撃破するような戦い方も、軍争第七など随所から読み取ることができる。

松陰から教わった『孫子』を、高杉もまた、座右の書として用いたのに相違ないといえるのである。

吉田松陰『孫子評註』を読む

目次

まえがき　3

巻首　『孫子』の読み方、『孫子』の構造

始計第一　戦略情報分析と「千変万化極まりない」戦い

作戦第二　経済的側面の把握から長期持久戦へ

兵勢第五　勢はつくりだすもの

虚実第六　「敵の実を避けて虚を撃つ」

軍争第七　「後に出発して、先に到着する」

〔凡例〕

1、本文中の《　》内は、『孫子評註』内で吉田松陰が引用した『孫子』の現代語訳。なお訳出の際には諸本を参照・検討したが、『孫子評註』の解釈を優先した。

2、『孫子評註』での吉田松陰の注釈の現代語訳は、本文中、前後一行空き、二字下げとし、引用冒頭に「――」をあしらった。そのままでは意味の通りにくい場合など、適宜補足・意訳している。

3、『孫子評註』の読み下し文は、山口県教育会編『吉田松陰全集』第六巻（岩波書店、一九三九年）に拠った。なお、各巻冒頭の松陰の導入部は二字下げ、『孫子』の引用は天ツキ（引用末に〈一〉を入れている部分は原文通り）、松陰の注釈部分は一字下げとなっている。

巻首

『孫子』の読み方、『孫子』の構造

なぜ松陰は『孫子』擁護から筆を起こしたか

巻首は本文に入る前、漢文にして百五十字程度で書かれた短い文章である。前半では『孫子』を読むにあたっての基本姿勢について、後半では『孫子』全体の構成について、それぞれ簡潔に論じられている。これは、松下村塾での講読で、その最初に松陰が語ったことでもあろう。

松陰はまず、『孫子』の構成がどうであるかには諸説あること、そして、孫子がいうばかりで実行をともなっていないという批判が昔からあることを指摘している。

確かに、前漢の歴史家・司馬遷は『史記』のなかで『孫子』は十三篇としており、後漢の歴史家・班固の『漢書』藝文志には「呉孫子兵法八十二篇、図九巻」とあり、唐の歴史家・張守節は、十三篇が上巻で、ほかに中巻と下巻があるといっている。詩人として知られる唐の杜牧などは、孫武の原書はもと数十万言だったが、魏の曹操（武帝）が註解したときに余計な部分を削りその精神を書き残したと述べている。

『孫子』という書物が本来どのような内容であったのかも分からないようでは、読む価値などあるのだろうか、という疑問が湧くかも知れない。また、『史記』では「よく実行できるものが必ずしもよくいえるわけではないし、よくいえるものが必ずしもよく実行できるわけではない」との言葉が引かれ、孫子は兵法の思想家としては有名だが、実際の戦いにおいて優れていたかには疑問が呈されている。

松陰はこうした見方に対して、一言、そんなことはいままでいい尽くされてきたことであって、だからといってまず孫子を貶してから読むなどという姿勢をとるべきではない、十三篇の書を読んでその真意を体得し、一番重要なところが摑めればそれで良い、と反駁している。わざわざ『孫子』に対する世評の低さをとりあげておいて、すぐさまそれを否定してみせたというわけである。

どういうことか。江戸時代、日本では朱子学を中心とした漢学が隆盛であった。しかし、多くの人々は、『論語』や『孟子』のような儒家の書物であれば一言一句も疎かにすまいと崇めるようにして読んだけれども、『孫子』のような兵家の書物に対しては、そうではなかったのである。

当時は武士の世ではあったが、泰平の世でもあった。泰平の世では、たとえ武士の世であっても、兵学は軽んじられる。泰平の続くなかで、人としての生き方を語るものと、人を殺す戦争の仕方を語るものとでは、どうしても前者――儒学――が賢く優れ、後者――兵学――が愚かしく悪しく見えてしまうとしたものである。つまり、松陰が最初にわざわざ『孫子』という書物を擁護するところから始めたのは、予断を持って読み始めないために必要な段取りであったといえる。

　これよりさき、松陰のもう一つの主著『講孟余話』の元になった『孟子』の講読では、彼は逆に、冒頭で孟子を批判してみせていた（『講孟余話』孟子序説）。もちろん、松陰は孟子に対して低い評価しか持たなかったのではない。非常に高く評価していたのだが、世の日本人が『孟子』をほとんど聖典視するようにして読み、孟子のいうことはすべて正しいと端から決めてかかって、あまり考えもせずに読む惧れがあるので、あえてそうしたのであった。あくまで松陰の立場からすればであるが、重視されすぎた『孟子』は最初に批判し、軽視されすぎた『孫子』は最初に擁護する。一見すると正反対の姿勢のように見えるけれども、両者を貫く論理は同じである。重要なことは、世間の評価に惑わされず、虚心に古典を読みこんで、意味を自分で考えることだというわけであった。

『孫子』という書物の歴史

なお、松陰も触れていた『孫子』のもともとの構成、および『孫子』という書物のテキストについては、一九七二年に山東省の銀雀山から竹簡が出土したこともあって、彼の時代よりも捉え方が深化している。ここで本書なりの見方を示しておこう。

『孫子』諸本の関係（模式図）

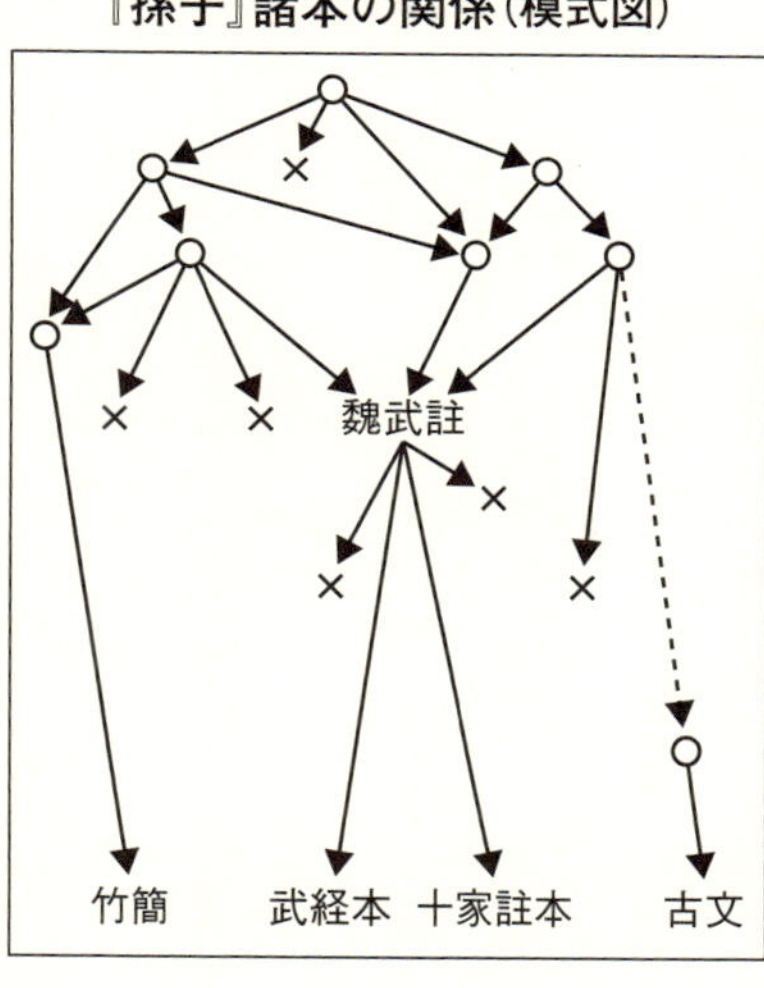

すでに「魏の曹操が註解したときに余計な部分を削りその精神を書き残した」といわれていることには触れたが、現在通用している『孫子』は、三国時代の魏の武帝・曹操が整え、註釈を施した、いわゆる『魏武註孫子』を原型にしている。

現行の『孫子』の多くは、その後、宋の時代に刊行された『武経七書孫子』か『十家註孫子』である。前者は、北宋の第六代皇帝神宗の命で選ばれた武経七書の一冊として、兵学の大家であった何去非（かきょひ）がテキストを比較検討して正し、国子監（当時の最高学府）の教授であった朱服（しゅふく）が決定した欽定本。後者は、曹操を含む十人の註釈と唐の歴史家・杜佑（とゆう）の『通典』の関係記述を加えたもの。両者は『魏武註』を引き継いでいるが、文章を正した結果が違うために、細かく文字の異同があり、意味の異同があるわけである。

　これらに対して、銀雀山の前漢時代の墓から掘り出された竹簡（いわゆる『竹簡孫子』）は『魏武註』よりも古い時代のものであるため、基本的な構成は共通するが、より原型に近いといわれることもある。しかし本書では、『竹簡孫子』は参照対象としない。

　なぜなら、前漢といっても孫武が活躍した時代から見れば数百年経っており、すでに原型そのままではなくなっているからである（分かりやすい例でいえば、『竹簡孫子』では用間第十三の最後に蘇秦（そしん）の名前が登場する。蘇秦は『孫子』の時代から見れば後世、戦国の末期の人物であり、縦横家（遊説家）として大国を束ねる合従（がっしょう）策を成功させたことで知られる。むろん、孫武や孫武の弟子たちが知るはずもない）。また、『魏武註』は曹操が権力を背景に当時のテキストを博捜してまとめたと推測できるので充分信頼できる。

実際、松陰は、講読には清の考証学の大家・孫星衍が編纂した平津館叢書の『魏武註孫子』を用いている。『武経本』や『十家註本』も含めて、『孫子』を結節点に、時代を超えて、人々が戦いというものを考察してきたことが大事なのであって、宗教などの場合とは違い、原典探しは最重要ではない。なお、同じ理由から、仙台藩の儒者・桜田景迪が出版した『古文孫子』についても考慮に入れない。

司馬遷による批判の真相

加えて、孫子に対する司馬遷の批判に関して補足しておきたい。その批判は、『史記』の孫子呉起列伝に見られるものである。

しかし実は、『孫子』の著者は批判されてはいない。どういうことか。この列伝では古代の著名な兵法家として孫子すなわち孫武と孫臏、それに呉起がとりあげられているのだが、司馬遷が失敗の具体例を挙げたのは孫臏（敵の罠に嵌まる）と呉起（国の治政を誤る）であって、孫武に対しては批判を行っていないのである。

では実際のところ、将としての孫武の手腕はいかほどであったのか。彼については実は、紀元前六世紀に生きた人物とはいうものの生没年さえ必ずしもはっきりしておらず、多くのことは伝わっていない。ただし、紀元前五〇六年の柏挙の戦いとその前後の献策・采配だけでも充分、彼の実力は示されているといえよう。すなわち、孫武は呉王・闔閭に登用されるや、宿敵・楚の国の攻略にはやる王を五年間ほど待たせて国力の充実を図ったうえ、楚を恨む唐の国や蔡の国と組んで相手を孤立させてから出陣するという、孫武一流の戦略を駆使したのである。

以下の各篇に見るように、彼がここで実践したのは、『孫子』始計第一から謀攻第三における、戦略情勢分析から謀略に至る必勝の道筋そのものであったといって良い。

そして軍形第四以下についても、兵を挙げるや、孫武が加わった呉軍は、陽動作戦で相手を翻弄して疲れさせ、秘かに迂回路を通って連戦連勝し、敵の首都へ攻めこむという戦術的な冴えを示して、その兵法の有効性を実際に示した。あまりに上手く戦いを進めすぎたために、かえってほかの勢力の介入を招いてしまい、撤退を余儀なくされてしまったことも含めて、彼の実戦経験と書物の内容とが結びついているのがよく分かる。

『孫子』全篇の構成

さて、巻首の、残る後半部分である。松陰はそこで、山鹿素行（やまがそこう）の『孫子諺義（げんぎ）』を参考に、『孫子』全篇の構成に関して注意を促している。いわく、

――始計第一と用間第十三は己を知り彼を知り、地を知り天を知る大本であって、戦いのことはすべて、これから外れない。作戦第二と謀攻第三は通読すべきであり、軍形第四・兵勢第五・虚実第六、軍争第七・九変第八・行軍第九はそれぞれ一貫しており、地形第十と九地第十一は二つで一つ、火攻第十二は一つで一つ（独立している）、始計第一と用間第十三は常山の大蛇・率然のように二つが緊密に連絡しあい結びついている（率然については、九地第十一を参照）。寅（とら）（松

『孫子』全篇の構成

（用間第十三→）始計第一

作戦第二・謀攻第三

軍形第四・兵勢第五・虚実第六

軍争第七・九変第八・行軍第九

地形第十・九地第十一

火攻第十二

用間第十三（→始計第一）

陰のこと。通称の寅次郎から）が思うに、古人の書物には部門の分け方というものがあり、そこで行われている分類にも注目すべきである。

『孫子』のそれぞれの篇は、必ずしも厳密に区分され、演繹（えんえき）的な体系を成しているわけではない。それゆえ、ここで彼らがいう構成にしても、このように捉えてみると大摑みに全体像が見える、という程度のものでしかないが、確かにイメージはしやすい。

最後に、改めてざっと見ておこう。

始計第一では、戦いを決断する前に考慮すべき事柄、つまりは戦略情勢分析について扱われる。これを最初に置いているのは、一つの見識であろう。

次に、作戦第二では戦いが経済的な側面から考察され、続く謀攻第三では敵軍と対峙する前の謀略が位置づけられる。ここまででは、大きな戦略の次元から戦術の次元へと、徐々に議論が移行してきているのが分かる。

軍形第四は不敗の態勢をとること、兵勢第五はその態勢から生じる勢、虚実第六はいかに主導性を発揮するかがそれぞれ論じられる。この三つは、戦場で敵と相対し撃破するまでの流れを、一連の抽象的な論理で描いたものである。確かに、ひとくくりで見てもさしつかえないようである。

それから、軍争第七は機先の制し方、九変第八は戦局の変化への対応、行軍第九はそこに利と害があることへの注意が記される。すべて、戦場での具体的な次元で、敵と接するまでの駆け引きをまとめた部分といえよう。

地形第十では敵情視察について、九地第十一では彼我（ひが）のあいだに生ずる状況について列挙されている。両篇はともに空間的・地理的な問題をとりあげたものだから、一つに結んで問題ない。

火攻第十二が説明するのは火攻とその位置づけである。これは篇目としてはほかから独立している。

最後の用間第十三では、間者（スパイ）を用いる意義と方法が主張される。山鹿素行は、これが始計第一とつながっていると指摘したというわけであるが、間者から情報を得て再び分析に戻ってくるというのは、今日の戦略・情報論にも通じる妥当な一つの見方である。

『孫子』全十三篇を俯瞰（ふかん）すれば、始計第一と用間第十三とで首尾が揃う、つまり、孫子は戦いのなかでも始まりに戦略情報分析を置き、終わりに情報収集を置いて、この二つを重視したことになる。こうした理解の仕方は、当時は必ずしも一般的ではなかった。山鹿流兵学の功績の一つといって良い。

『孫子評註』巻首・読み下し文

孫子篇巻の異同、及び孫武能く言ひて行ふ能はざりしは、古人之れを論じて尽せり。而も孫子を読むの先にする所に非ず。唯だ是の十三篇の書、之れを読みて意を得、之れを取りて原に逢はば、斯れ可なるのみ。

先師云はく、「始計と用間とは、己れを知り彼れを知り、地を知り天を知るの綱領なり。軍旅の事、件々此れに外ならず。作戦と謀攻とは通読すべく、形勢と虚実とは一串(くわん)し、争変と行軍とは一串し、地形と九地とは一意、火攻は一意、始計と用間とは首尾率然の勢あり」と。寅案ずるに、古人書を著はすには自(オ)ら部法あり。故に易に序卦あり、説文に部叙あり。近く語孟を観るも亦皆此くの如し。

始計第一

戦略情報分析と「千変万化極まりない」戦い

戦争の前に「勝利の見込み」を比較する

『孫子』という書物を読むとき、普通の日本人は、繰り返し語られる剝き出しの権謀術数や、不信に満ちた人間観に目がいくことが多いのではないだろうか。読みながら、孫子は何と卑怯で悪いことを説く人間かと、呆れてしまったことはないだろうか。

確かに、そうした悪を悪とも思わぬような孫子の主張は、異質で異様なものに映り、どうしても目を引くし、この本の特徴をそういうところに見出すことは、必ずしも間違っているわけではない。

しかし、そこにばかり目を奪われて大事なことをつい見逃してはならないと、私は思う。つまり、孫子の議論の前提となっている費用対効果や危険性の認識は、いささか過敏には見えても、いわれてみれば真っ当なものである。

本書でも見ていくように、孫子は駆け引き、謀略、心理情報戦を駆使し、戦力の確保に努めながらも直接的な戦いは可能な限り避けて、味方も敵も利用しようとする。その理想形は「戦わずして勝つ」であるが、日本人の感覚からすれば、戦って勝ち、白黒をつけるのではないから、あまりすっきりしないやり方であろう。だが、無駄な費用や危険を回避するためにはそれで良いというのが、『孫子』の基底を成す発想である。

孫武が生きた春秋戦国時代の大陸は、文明的に近似する敵国が四方八方に居並んでいるために、まずは隙を見せず、ともかく生き残ることを最優先にしなければならない、本当の意味で過酷な状況にあった。『孫子』は、そうした歴史的な経験の下で成立した書物にほかならない。要するに、孫子の術策や人間不信は、合理的な計算に信を置く、徹底的な慎重さを反映したものなのである。

始計第一では、戦争を始める前に考慮すべき事柄について述べられている。今日でいうところの戦略の次元の問題が論じられているのが、この篇である。

古代社会において、戦争の勝敗は、しばしば吉凶の占いなどによって予想されてきた。結果がどうなるのか、多くの人々にはまったく予測しようもなかったのである。それゆえ戦争は、ときに、地震や洪水や疫病などと同じ災害の一種――人の業では如何ともしがたいもの――であると捉えられることさえあった。

そうしたなか、孫子の思想がまず画期的であったのは、戦争に対して合理的な思考を加え、事前の計算によってその帰趨を読むことができるとしたことにあった。いまから二千年以上も前にそのようなことを考えた人物がいたというのは、現代においてさえ、きちんとした合理的な判断もなしに戦争が起こりうることを思えば、驚くべきことであったといって良い。

始計第一の内容について、松陰は、戦う前に勝利の見込みを比較して計算することであると、端的にまとめている。今日の言葉で一口にいえば、まずは情勢分析から戦略を説き起こしたものということになる。

各篇の名前にいかなる意味があるか

松陰の『孫子評註』で一つ面白いのは、それに続けて、それぞれの篇の名前のつけ方について、解説していることであろう。いわく、昔の学者たちもいっているように、各篇の名前というのは、だいたい後世の人がつけたものである。つけ方にはいくつかあって、①文章の始めの何文字かをとるもの、②本文中の重要な言葉をとったもの、③篇の内容や大意をまとめたもの、などさまざまである。

松陰は、始計第一はもともと「計篇」と呼ばれており、明らかに②のつけ方であると指摘する。「計」という言葉こそが、この篇の中心的な概念なのである。「始」の文字を加えて「始計」としたのは、まだ戦う前であるという意を明確にするためだ、と。

似たような例として、今日で分かりやすいのは、電子メールの件名であろうか。内容に即して題名をつける場合もあるが、最初の文章をそのまま持ってくる場合、自分の名前を件名にする場合、それに番号や記号を振る場合など、いろいろあるのと同じことである。

ちなみに、前述の①の例としては『論語』（例えば、『論語』の学而第一は対話の始まり、「学而時習之、不亦説乎（学びて時に之を習う、亦説ばしからずや）」からきている）、③の例としては『孟子』（例えば、『孟子』の梁恵王は、孟子と梁（魏）の恵王との対話からなるという、篇の内容を示している）がある。

さて、この篇では、冒頭からいきなり『孫子』を代表する名言の一つが現れる。

《戦いは国の大事であって、人々の生死のあるところ、国家の存亡のよるところであるから、洞察しないわけにはいかない》

松陰は、開口一番、『孫子』十三篇の精神を示して余りある一句であると賞讃する。山鹿（やまが）流兵学の祖・山鹿素行（そこう）は、『武教全書』自序のなかで「千載不易の（歳月を経ても変わることのない）格言」と評価したが、実に巧くいわれたものだ、と。

彼はまた、「洞察する」（原文では「察」）の具体的な意味は、以下、「測る」（同じく「経」）、「比べる」（同じく「校」）、「補う」（同じく「佐」）の三つで説明されていると指摘する。

倫理と権謀術策とのあいだの緊張関係

『孫子』はさらにこう続く。

《そこで五事に基づいて測り、計算して比べて、情勢を探る。それは、一にいわく「道」、二にいわく「天」、三にいわく「地」、四にいわく「将」、五にいわく「法」である。道とは、人々の心を君主と一つにし、ともに死に、ともに生きるべくして、危険を恐れさせないことである。天とは、陰陽（夜と昼）・寒暑（寒さと暑さ）・時制（時機）といった気象・気候的な条件である。地とは、遠近（遠いか近いか）・険易（険阻か平坦か）・広狭（広いか狭いか）、それに死生（不利か有利か）といった空間的・地理的条件である。将とは、智（智謀）・信（信義）・仁（仁慈）・勇（勇猛）・厳（厳格）といった将の能力である。法とは、曲制（軍の編制）・官道（諸官の職分）・主用（管理、経理）といった制度の適否である。この五つのことを、将は知りえておかなければならない。これを知る者は勝ち、知らない者は勝てないのである》

五事のうち、第一に挙げられた「道」が何であるかについて、孫子は項目を挙げていない。もちろんそれは、物理的な道、人々が歩いて通る道のことではない。倫理的な道、人としてのあるべき道のことである。松陰は、「ここで説き尽くすことはなされず、具体的には行軍第九、地形第十、九地第十一で論じられている」としている。

『王道と革命の間』（筑摩書房、一九八六年）と『江戸の兵学思想』（中央公論社、一九九一年）で国文学者の野口武彦がつとに指摘したように、松陰にとって孟子は、単に道徳的なことを説いた思想家ではなく、孫子と同じ、戦国乱世を生き抜くための思想的な格闘を行った人物である。
確かに松陰は、最初期の論策である一八四六年の「異賊防禦の策」で西洋列強の脅威に対処する基礎を検討したとき、早くも末尾で「君仁なれば仁ならざるなく、君義なれば義ならざるなし」と『孟子』離婁下第五章を引用し、君主が仁や義の道を示すことが日本を立て直す基礎になるとしていた。それゆえ彼は、主著たる『講孟余話』（一八五六年）において、『孟子』のなかの兵学的な側面を読みこもうとしたのである（例えば『講孟余話』梁恵王下第十二章では、孟子が勧める君主の仁政を、戦いを左右する根本に据えている）。

その裏表で、もう一つの主著であるこの『孫子評註』では、あるべき道との整合性を、兵学書『孫子』のなかに読み取ろうとする。それは、山鹿素行の『孫子諺義』において、五事の一番に道が掲げられていることが重視され、義をもって不義を討ち、有道をもって無道を討つのが上兵（優れた戦い方）であると論じられていることの延長線上にあるものである。

だからといって山鹿流兵学は、道だけを重んじるのではない。同じく『孫子諺義』にいうように、権謀に流れるのも仁義に拘泥するのも、ともに万全ではないと見なす。

孫子が道に触れているからといって、『孫子』が道義にのみ則った書物であると受け止めるのは迂闊である。さりとて、『孫子』に道が述べられているのに、上辺だけのことにすぎないと捉えて、一切省みないのもまた迂闊なのである。表層的な例でいえば、大義名分を無視するのも危ういが、無理な大義名分を通そうとするのも危ういということだろう。

やや立ち入った議論になるが、江戸時代の日本では、『孫子』が武士の道に適わないことがまず懸念され、そこが問題とならざるをえなかった。このことは逆に、いったん孫子の論理を是とすれば、人としての道を際限なく踏み外してしまう惧れにも結びつく。

松陰の場合には、孫子が孫子なりに道を説いていると理解することで、倫理と術策とのあいだの緊張関係を残しえたのであった。彼にしてみれば、王道だけを口にする儒学者たちはそうした緊張関係を持たず、往々にして現実離れしてしまい、実用性を失ってしまう。しかし、孟子も志を得れば、富国強兵策を採るに違いないのである（『講孟余話』告子下第九章）。

厳格極まりない非情の兵学

「天」については、単に気象条件などを挙げたものと解する註釈も多いが、松陰は、項目の一つ「時制」を類書のように季節の類と訳さず、「時機に従って良いように取り計らうこと」

と解している。また、「地」と「法」については、彼は、詳しくはそれぞれ地形第十と、九地第十一、軍形第四と兵勢第五で説かれていると指摘する。

興味深いのは、「将」に関する松陰の註釈であろう。彼はこの箇所を、呂尚（太公望）の著書とされる兵書『六韜』の論将第十九や、同じ武経七書の一つ、呉起の『呉子』論将第四と比較する。呂尚は周の建国の功臣で、伝説の名軍師として真っ先にその名が挙がるような人物。呉起も戦国時代の兵法家として名高く、孫子と並び称されることも少なくない。

すなわち松陰いわく、

――太公望が将たるものを論じたときには勇を第一としているが、孫子は智をもって第一とした。呉子もまた、将たる者の資格のなかで、勇は数分の一の価値しかないとしている。また、太公望は忠を挙げているが、孫子は忠ではなく厳を挙げた。これは非常に重要な点で、孫子の持論である。

将に求められる能力

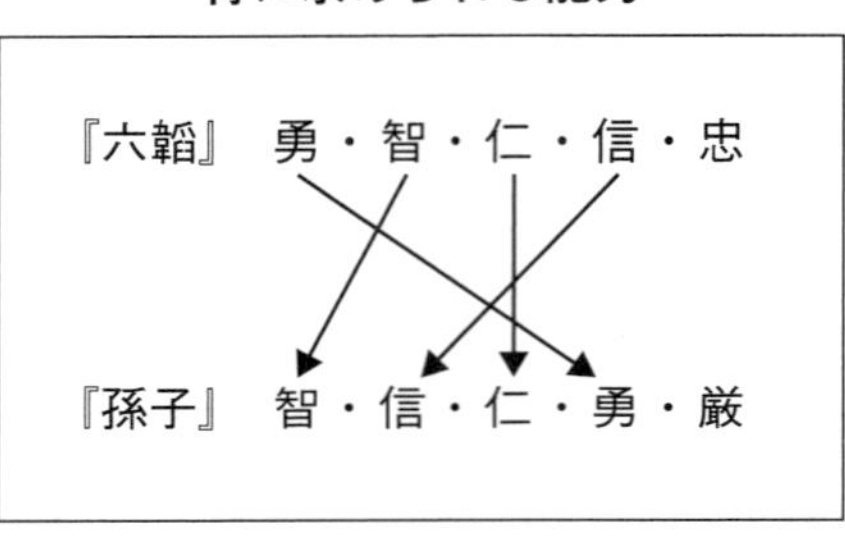

つまり、智を最重要としたことに加えて、将の君主に対する忠義よりも、士卒を従わせる厳格さの方を、孫子は優先したということになる。

松陰は、だから『孫子』のさまざまな箇所で、厳を重んじる考え方が反映されているのだと述べている。また、司馬遷（しばせん）は『史記』孫子呉起列伝で、孫武（そんぶ）、孫臏（そんぴん）、呉起の三人をとりあげているが、孫武については王の寵姫（ちょうき）を斬ったということを語るばかりで、ほかには触れていないと指摘する。厳格さを示すこの一事こそが孫武の人物を示す出来事であり、それ以外の余計なものはなくて良いという判断であろう。そのことを、司馬遷の高い洞察力を示すものとして、松陰は評価するのである。

どういうことか。有名な逸話であるが、初めての謁見（えっけん）で呉王・闔閭（こうりょ）は、孫子の兵法を興味深く読んだので、実際に指揮してみせるよう、孫武を試した。宮中の女性を使って実践して欲しいとの、無理難題つきである。

これに対して孫武は、女官百八十人を二つの隊に分け、王の寵姫二人をそれぞれの隊長に任命して、全員に武器を持たせ、動きの合図を教える。しかし、再三説明して合図を送っても、彼女たちが笑いさざめくだけで命令通り動かなかったとき、これは隊長の責任であるとして、寵姫たちの処刑を決めた。

王は慌てて止めさせようとするが、孫武は、いったん命を受けて将となったうえは、君命といえども従えないことがあるとしてこれを斥け、二人を斬り捨ててしまったのである。次に代わりの隊長を任命して合図を送ると、女官たちが整然とこれに従うようになったのを見て、孫武は、指揮のための訓練が終わったことを王に告げた。

まさに厳格極まりない非情の兵学であり、確かに、孫子でなければここまでのことはすまいと思わされる。日常的な論理や道徳とは異なる兵学の在り方を示すとともに、信賞必罰の威令を恃みとする『孫子』の基本姿勢が、よく表れているといえよう。

なお、『孫子評註』に学んだ高杉晋作が、のちにこのように語ったとされることも、銘記しておいて良いかも知れない。いわく、『孫子』には、大将は厳格さを優先するとある。奇兵隊をつくったとき、法を厳格にし、これを犯した者は切腹させた。はなはだ残酷なようだが、一つの罪を正すことで百人、千人を奮わせるのでなければ、意気盛んな男たちを使いこなすことは難しい、と（田中光顕『維新風雲回顧録』）。

実際、奇兵隊は高杉でなければなかなか収まらなかったし、厳しい懲罰がしばしば実施されたことが知られている。

「兵は詭道なり」の真の意味とは

《そこで計算して比べて、情勢を探る。いずれの君主が有道か、いずれの将が有能か、いずれが天の時と地の利を得ているか、いずれの法令がきちんと行われているか、いずれの軍が強いか、いずれの士卒の練度が高いか、いずれの賞罰が明らかであるか。私は、これらによって勝敗を知ることができる。

将が私の計算を聞き入れて戦うのであれば、必ず勝つだろうから、ここに留める（将を用いる）。将が私の計算を聞き入れずに戦うのであれば、必ず敗れるだろうから、ここを去らせる（将を捨てる）》

ここで、いずれが上回っているかと比較事項に挙げられた七つを、七計という。松陰は、五事のなかでは「道」と「法」を最も重んじ、七計では「君主」と「将」を最も重んじる。そして、将とは大将のことであり、それが有能であるかの基準が前述の智・信・仁・勇・厳にあるとする。

ただし、最後に「将が私の計算を聞き入れ」云々（うんぬん）と問いかけることで将の重みを示しているが、それよりも重いのは、「私」すなわち孫子であるとも指摘している。なぜなら、「ここに留める」というのは将を用いることであり、「ここから去らせる」というのは将を捨てることであるから。大将といえども、孫子の判断に適うか否かで、用いられるか、捨てられるかが決まってしまう。それほど、戦略情勢分析は峻厳（しゅんげん）たるものなのである。松陰は、そのように厳格でなければ孫武ではない、と絶讃する。

ただし、松陰の読解は一つの説ではあるが、原文の「将」を、名詞ではなく「はた」と副詞的に仮定の意味で読むという説も有力である。その場合、留まるとか去るとかいうのは孫子自身のことになり、次のような意味になる。

「もし私の計算を聞き入れて戦うのであれば、必ず勝つだろうから、ここに留まろう。もし私の計算を聞き入れずに戦うのであれば、必ず敗れるだろうから、ここを去ろう」

このように、漢文では主客が曖昧なことがたびたびある。

《計算して利のあることが分かり、戦うことになったら、その利を勢として外（戦場）を補う。勢とは、利に基づいて臨機応変に対処することである》

松陰は、「外」の一字に注目している。この一字があるから、以下は外、すなわち戦場での論であることが分かるとともに、ここまでの情勢分析が内、すなわち軍議で行われることであることも分かるのだと。「孫子が戦いを論ずるさまは極めて活き活きしている。誰がこれに及ぶだろうか」。以下、詭道（きどう）十四目が列挙される。

《兵は詭道なり（戦いは千変万化極まりない）。

だから、できてもできないふりをし、するつもりでもしないふりをし、近くに向かうときは遠くに向かうふりをし、遠くに向かうときには近くに向かうふりをし、利を見せて誘導し、混乱させて奪い取り、充実した敵には防備にまわり（弱体化を待ち）、強い敵は避け、怒りを示してかき乱し、下手に出て驕り高ぶらせ、余裕があれば疲れさせ、団結している敵は離間させる。敵の無防備なところを攻め、敵の不意を衝く。これは兵法家の妙とするところであり、あらかじめいうことはできない》

「詭道」とは何か。松陰は特に論じていないので、ここは、彼が前提としている荻生徂徠の『孫子国字解』の方を参考にして、まとめておきたい。

徂徠は、漢語の「詭」の意味合いを和語で正確に表そうとすると、①「いつわり」であり、②「あやし」であり、③「たがう」でもあると述べている。世間では「詭道」というと「いつわり」であるとばかり考え、敵を謀ることだと考えがちだが、不正確である。「あやし」の意は、敵から見て怪しく、理解できないこと。「たがう」は定めを守らないことである。つまり、「兵は詭道なり」というのは、敵の理解を超え、定めに縛られることのない、千変万化する戦い方のことにほかならない。

敵にとっては謀られたことになるので、「いつわり」の意味合いも生じる。しかし、偽りの業であるというのは、戦いの一面を捉えたものにすぎない。

相手の裏をかくことだけが目的なのではない。裏をかく結果となるのは、千変万化して定めのない戦い方をするからである。つまり、「兵は詭道なり」の意味するところは、「戦いは千変万化極まりない」ということになる。

毛利元就の「厳島の戦い」成功の本質

松陰は、「充実した敵には防備にまわり、強い敵は避け」るというのは孫子の得意とする手段であるが、深くこの理を知っていたのは楠木正成（くすのきまさしげ）や「吾が洞春公」毛利元就（もうりもとなり）のような人物であって、世の中に多くはないと述べている。いずれも名将として知られているが、特に、寡兵をよく動かして大軍と互角以上の戦いを繰り広げたのは有名である。

正成についていえば、一三三三年の千早（ちはや）城の戦いでの徹底抗戦もさることながら、その前、一三三一年の赤坂城の戦いでの見事な駆け引きが印象的である。押し寄せる幕府軍を相手に効果的に防戦するとともに、機を見て城に火を放ち、鮮やかに姿を消しただけでなく、次の年に突如来襲すると、すぐ赤坂城を奪回してみせている。

元就も歴戦の武将であるが、名を轟かせたのは、何といっても一五五五年の厳島の戦いであろう。強大な国力を背景にした敵将・陶晴賢を向こうに回して、このとき元就は、広島湾の交通の要衝・厳島を、虚実第六でいう「戦うべき地」と見定めた。そこに相手が攻めずにはおれない城を築き、いかにも毛利方の弱点であるように思いこませる情報を流すなど、陶晴賢を誘き出すべく、駆け引きと謀略を駆使している。

そのうえで、陶の大軍が厳島に上陸するや、精鋭に守らせておいた城に陶方が手間取るあいだに、嵐の夜を秘かに渡海。背後の山から奇襲攻撃し、兵力で五倍したといわれる敵軍に陣形を立て直す余裕も与えず、打ち破った。元就は周到に、陶晴賢が島を抜け出すための船を先に処分しておくことで進退窮まらせ、自刃にまで追いこんだのであった。

数に優る敵を狭い戦場に呼びこんで壊滅させた、嘘のような一戦であるが、その実像がどうあれ、むしろそれまでの幾年にもわたって陶晴賢との決戦を避けながら、敵陣営の切り崩しを続けて逆に孤立させ、いわば平和裏に追いつめていったことが大きかったといえる。強い敵が弱体化するのを待って、勝負をつけたのであった。

なお、末尾の「あらかじめいうことはできない」は、軍議で情勢分析を行い、出陣するまでに、先に将に伝えておくことができないという意味である。曹操の註釈などでは情報漏洩を恐れてのこととしており、松陰はそれも当たっているとしている。ただし、敵の出方に応じて臨機応変に対処しなければならないので、事前には決めきれない、という説明だけでも充分であるように思われる。

天下古今のすべてがここに含まれている

《戦う前に検討して勝利できるのは、勝算が多いからである。戦う前に検討して勝利できないのは、勝算が少ないからである。勝算が多ければ勝ち、勝算が少なければ勝てない。ましてや勝算のないときはどうするか。私はこうやってよく観ることで、勝敗の行方が見出せるのである》

「戦う前」（原文では「未戦」）は始計第一の「始」と同じ意味であり、「算」は始計第一の「計」を換えただけであるから、要するにここは本篇の主旨を示したものであるとして、松陰はまとめに入る。少し補いながら引用しておこう。

いわく、

——自国の五事を測り、敵国の七計と比べ、詭道で戦場を補う。この篇は『孫子』十三篇の総括であるばかりか、天下古今のすべてがここに含まれているのである。『大学』（儒教のなかでも重要とされる四書五経の一つ）に書かれているのは「道」の字の註釈だけなのに、さまざまなことに結びつけながら読むではないか。同じように、孫武のいうことは戦いに関することだけのように思えるかも知れないが、あれこれ考えながらするのが読書というものである。

狭義の兵学書としてだけではなしに『孫子』を読もうというのは、いまに始まったことではない。結局、松陰はあくまで兵学者の立場でしか『孫子』を読まず、例えば人生訓にまで広げて読むというようなことはしないのだが、それでも相当に自在な読みこみ方をしていく。ほかの古典と重ね合わせ、西洋の兵学とつなげ、歴史に遡（さかのぼ）ったかと思えば、目下の情勢に当てはめる。

そのような読みのなかから、泰平の日本人が気づかなかったいくつもの読解を発見していくのである。

『孫子評註』始計第一・読み下し文

始計第一

始計は未だ戦はずして廟算するなり。「之れを校するに計を以てす」とは即ち其の事なり。前人多く謂ふ、「古書の篇目は率ね後人の定むる所に係る」と。今其の信（まこと）に然るを覚ゆ。而して其の名づくる所以は、或は徒だ篇首の数字を摘（つ）み、或は明かに篇中の要言を取り、或は暗に篇中の意を含む。此の篇本と唯だ計篇にして、是れ明かに取れるものなり。又始の字を加へたるは、是れ暗に未だ戦はざるの意を含む、語孟の篇目と異なり。

孫子曰く、兵は国の大事、死生の地、存亡の道なり。察せざるべからず。」

開口の一語、十三篇を冒（おほ）ひて余りあり。先師曾て「千載不易の格言」を以て之れを評せり、旨（うま）い哉。兵は是れ軍旅の事。死生存亡は乃ち大事たる所以の故なり。諸説多くは然り、異説を須（もち）ふることなかれ。地は是れ在る所、道は是れ由る所、察の字は虚に下の経・校・佐の三字を掲げたり。全篇の骨子、此の字に在り。

故に之れを経するに五事を以てし、

是れ計の本なり、計には非ず。

之れを校するに計を以てし、而して其の情を索む。

便に随ひて先づ此の句を挟みて下段の張本と為す。計に七と言はずして而（シテ）索（ム）二其（ノ）情（ヲ）一の四字を加ふ。文も亦変化あり。

一に曰く道、二に曰く天、三に曰く地、四に曰く将、五に曰く法。

始計の文、仮（かり）に経伝と為して看れば、是れ其の経なり。

道とは、民をして上（かみ）と意を同じくして、之れと与（とも）に死すべく、之れと与に生くべくして、危（あやふ）きを畏れざらしむるなり。

伝文、大いなるもの三処、文法皆変ず。道の字、甚しくは説破せず、却つて行軍・地形・九地の諸篇に於て之れを講ず。文乃ち浅からず雑ならず。是れ此の老の老成の処なり。令の字、貫いて也の字に到る、方に作用あり。

天とは陰陽・寒暑・時制なり。

天の字、火攻篇に其の一斑を見る。陰陽は其の虚なるもの、寒暑は其の実なるもの、時制とは、時中・時措・時習の字の例の如し。時に随ひて宜しきを制するなり。先師云はく、「制の一字は天を用ふるの極法なり」と。

地とは、遠近・険易・広狭・死生なり。

地の重んずる所は死生の二字に在り。○経は是れ平素の事なり。天地の経たるは、粗心の者或は察せざらん。

将とは、智・信・仁・勇・厳なり。

太公の将を論ずるや勇を先にす。而して孫子は智を先にす。呉子云はく、「勇の将に於けるや、乃ち数分の一のみ」と。又太公は忠を言ひ、而して孫子は厳を言ふ。厳とは是れ荘重にして犯すべからざるなり。孫子の持論全くここに在り。故に篇々此の意を見る。而して史遷の孫武を伝するや、独り姫を斬るの一事を論じて、殊に其の他に及ばず。洞識と謂ふべし。

法とは曲制・官道・主用なり。

張賁云はく、「部曲、制あり、分官、道あり、各〻其の用を主とせしむ」と。按ずるに、主用とは実用を主とするなり。曲制や官道や、何れの国かあることなからん。特（た）だ其の空文たるを患ふるのみ。○地の字は、明かに地形・九地の二篇に於て詳かに之れを説き、法は則ち軍形・兵勢に具し、道と将と其の中に在り。

凡そ此の五つの者は、将、聞かざるものなし。之れを知る者は勝ち、知らざる者は勝たず。

莫とは者なきなり。知とは即ち王守仁の所謂、知州知県の知なり。

故に之れを校するに計を以てして、其の情を索む。

是れ所謂計なり。而して此の一段は是れ一篇の主意なり。○計と五事とは唯だ是れ同意にして、而も又未だ嘗て相犯さず。但し五事は道と法と最も重く、計は則ち主と将と最も重し。「将、吾が計を聴く」以下に至りては、専ら将を以て重しと為して看よ。他の言各〻当るあり。

曰く、主孰れか道ある。将孰れか能ある。

五事には主の字を露（あらは）さず、ここに至つて点出し、将と対す。智信の五字を約して一の能の字と為す。将とは大将なり。他皆之れに倣へ。

天地孰れか得たる。法令孰れか行はるる。

　天地を合して一と為し、法に陪ふるに令を以てして、以て相対す。

兵衆孰れか強き。士卒孰れか練れたる。賞罰孰れか明かなる。吾れ此れを以て勝負を知る。」

　兵衆・士卒・賞罰は、是れ主将に陪説せるなり。吾れ此れを以てとは結束の語なり。

将、吾が計を聴いて之れを用ふれば必ず勝つ。之れを留めん。将吾が計を聴かずして之れを用ふれば必ず敗る。之れを去らん。」

　是れ自ら一段、将を以て重しと為す。諸〻の「吾」と称するは、孫子自ら吾れとするなり。其の立言を観るに、譬へば斉威、田忌を以て将と為し、孫臏之れが師となれるが如し。之れを用ふとは兵を用ふるなり。留去は用捨を言ふなり。是の時に当り、田忌の用捨、孫師の言下に在り。噫、畏るべきかな。此れに非ずんば何を以て孫武と為さんや。

計利にして以て聴かるれば、
　四字は順に上の両項を承く。利とは即ち勝負を知るなり。聴とは即ち吾が計を聴くなり。

乃ち之れが勢を為して、以て其の外を佐く。

　廟算は内なり。故に戦地は之れを外と謂ふ。○孫子の兵を論ずるや活潑々地、誰れか能くここに及ばんや。

勢とは利に因りて権を制するなり。」

是れ伝文の小なるものにして、便を逐ひて、上を括りて下を起す。而の字の斡旋、妙々。袁了凡曰く、「経権の二字、一篇の眼骨なり」と。余謂へらく、計の字、経に根ざして権に入り、利に因りて権を制す。是れ勢に非ず、勢を為す所以の故のみ。兵勢篇を合せ攷へて見るべし。下文の詭道十有四目は即ち是の物なり。

兵は詭道なり。

是れ計の用なり、亦計に非ず。此の句は是れ経、十四目は是れ伝。

故に能くすれば之れに能くせざるを示し、用ふれば之れに用ひざるを示し、近ければ之れに遠きを示し、遠ければ之れに近きを示し、利して之れを誘ひ、乱して之れを取り、実なれば之れに備へ、強ければ之れを避け、怒りて之れを撓め、卑しくして之れを驕らしめ、佚すれば之れを労らし、親しければ之れを離す。

能は、即ち「将孰れか能ある」の能なり。先づ将の能より説き下す。十四事皆是れ将の事、並びに「計利にして以て聴かる」の上に就きて言を立つ。能而、用而、近而、遠而、実而、強而、佚而、親而の而は皆「則」なり。利而、乱而、怒而、卑而の而は皆「以」なり。之の字は皆敵を斥す。怒りてとは我れ怒を示すなり。卑しくしてとは我れ卑しきを示すなり。

○実なれば備へ、強ければ避くるは、孫子の慣手段なり。深く此の理を知るものは楠河内及び吾が洞春公の如し。世に多くはあらず。

其の備なきを攻め、其の不意に出づ。

対仗にして結びと為す。人をして覚らざらしむ。上文の之の字、ここには代ふるに其の字を以てす。

此れ兵家の勝、先づ伝ふべからず。」

之勝とは猶ほ勝つ所以と言ふがごとし。語勢少しく頓る。伝ふとは、曹操曰く、「猶ほ洩すがごとし」と。杜牧曰く、「言ふなり」と。皆之れを得たり。深く此の字を味ひて、然る後益〻「勢を為して外を佐くる」の活潑々地たる所以を知る。而して文の撇開は夷の思ふ所に非ず。

夫れ未だ戦はずして廟算するに、勝つものは算を得ること多し。未だ戦はずして廟算するに、勝たざるものは算を得ること少なし。算多きは勝ち、算少なきは勝たず。而るを況や算なきに於てをや。吾れ此れを以て之れを観れば勝負見る。未だ戦はずとは即ち篇目の「始」の字なり。計を換へて算と為し、悠然として本意に帰入す。勝負見るは「勝負を知る」と照応す。読みて篇末に至りて然る後五事を回顧すれば、方に始めて著実なり。蓋し算の多からんことを欲せば、経するに五事を以てするに如くはなし。〇五事以て之れを内に経し、計以て之れを外に校し、詭道以て之れを外に佐く。此の篇特り十三篇の総括たるのみならず、乃ち天下古今の事、孰れか其の範囲を出づるものぞ。大学の一書の如き、亦唯だ道の字の註解のみ。孫武の立言、未だ必ずしも然らずと雖も、読書は須らく此くの如く観るべきなり。

作戦第二

経済的側面の把握から長期持久戦へ

「戦いで拙速を良しとする」への誤解

作戦第二は、戦いの経済的側面や兵站（へいたん）など、開戦に先立って考慮すべき根本的な問題を論じた部分であり、始計第一、謀攻第三、用間第十三などと並んで、『孫子』のなかでもよく引用される篇である。「戦いで拙速を良しとするのは聞いたことがあるが、いまだかつて巧久で良かった例を見たことがない」（原文は「兵聞拙速、未睹巧之久也」）との一文は知らずとも、そこからとって慣用表現となった「拙速」の語ならば聞いたことがあるという人は、少なくないだろう。

「拙速」という言葉は、通常、物事を急ぎすぎたり、焦ったりすることを否定的に表現するものとして用いられる。しかし、原典である『孫子』では、実はそれを肯定的に論じている――との解釈が、日本ではいまだに一般的である。とりわけ戦前の日本では、先の一文が、素早く機動戦を仕掛けて果敢に突撃し、決戦戦闘に勝利する帝国陸軍の戦い方を良しとするときの、修辞的な根拠となった。

典型的な例として一冊挙げれば、参謀畑で要職を歴任し、陸軍中将で退役した落合豊三郎の『孫子例解』（軍事教育会、一九一七年）がある。この本は、山鹿素行（やまがそこう）や荻生徂徠（おぎゅうそらい）に依拠しながら、日本の戦国時代や西洋の第一次世界大戦に至る戦い、自身が経験した日露戦争を含む戦訓を織り交ぜた註釈書である。

この『孫子例解』は作戦第二について、現代の兵学で最初の会戦で大打撃を与えて戦局を終えることを目指すのと同じ主旨であり、速やかに勝つために手段を尽くすことを説いた、と特徴づける。そこで、「戦いで拙速を良しとするのは聞いたことがあるが、いまだかつて巧久で良かった例を見たことがない」の一文は、次のように解説されている。

「此の一句は、慎重に之を攻究せざれば、誤解を生じ易し。則ち拙速と云ふと雖（いえど）も、無謀猪突を意味するにあらず。方法拙しと雖も、速にすれば利を得ることあり、方法巧なるも久に亙りて機を失すれば、利を得ること能はざるのみならず、必ず、失敗すべしとの意なり。即ち陣中要務令綱領第七に、為さざると遅疑するとは、指揮官の最も戒むべき所と為す。とあり。之と同意義にして実に其の為すべきを為さず、或は遅疑逡巡して機を失するとは、之を断行して其の方法を誤るよりも、軍隊を危殆に陥らしむること大なるものなり」

率直にいって、的外れであろう。猪突猛進を意味しないと釘を刺してはいるものの、機を失することと作戦の失敗とを結びつけ、『陣中要務令』（一九二四年の、帝国陸軍の教範）に収斂させてしまっている。機を失するくらいなら「之を断行して其の方法を誤る」方が危険は少ないという論にも、何ら論証がともなわない。いったい、孫子のどこに、そのような不確実な選択を「断行」するなどという発想が見られるというのだろうか。乾坤一擲の賭けに及ぶより、戦う以外の方法を考えるのが、孫子というものではないか。一口にいえば、『孫子例解』は、国力や補給のような高次の観点から戦いを捉えた議論を、より低次の前線に当てはめるという誤りを犯しているのである。

しかし、秀才として知られた落合豊三郎がそうした簡単な間違いを犯してしまったのには、多少とも理由がある。日本が前提とせざるをえなかった、戦略的な条件がそれである。すでにして日清戦争の頃から、帝国陸軍は補給に難を抱えることが多く、戦いは可能な限り長引かせないことを求められていた。ましてや二十世紀の総力戦の時代を迎えると、総合的な国力の問題もあって、長期戦は難しいというのが有力な見方であった。速戦即決の短期決戦が望ましいといってもらえれば、それに越したことはなかったのである。上記のような「拙速」の解釈は、こうした事情に適うものでもあった。

客を変じて主と為し、主を変じて客と為す

松陰が『孫子評註』で主張するのは、そのような速戦即決主義とはまた違う意味で独特の、別の解釈である。

松陰はこの篇の始めに、作戦第二に註釈する多くの者が、その主旨を「敵国に攻めこんで長引くことを貴ばない」とまとめていることを批判する。それは他人の受け売り程度の底の浅い理解であり、孫子の本当の精神を理解したものではない、とするのである。

では、正解は何なのか。彼が賛意を示すのは、『李衛公問対』で李靖のいう「客を変じて主と為し、主を変じて客と為す」という解釈である。簡単にいえば、遠征する側は不利で防衛する側は有利なはずであるが、その優劣をひっくり返すということ。すなわち、自軍が敵国に攻めこみ、自軍を「客」、敵軍を「主」と位置づけた場合に、敵国の物資を自軍のものであるかのように思うままに使い、敵軍には使わせなければ、あたかも自軍が敵国の「主」で、敵軍は「客」であるかのようになる。長引く戦いは望ましくないが、やむをえずそれを選ぶときには、このやり方がある。それが孫子の本意だというわけである。

李靖は、唐の太宗・李世民の腹心で、宰相。衛公に封じられたことから、「李衛公」と称される。兵書をよく研究し、唐による天下統一や北西の遊牧民族との戦いで活躍するなど、名将として知られた。彼と李世民との問答という形でまとめられた兵書が『李衛公問対』であり、武経七書の一つである。

この本は、後世に書かれた偽書であるとして、兵学者から軽視されることが少なくなかった。しかし、松陰はこれを非常に重視した。『孫子評註』では、後でも見るように、孫子の奥義を捉えたものとして、賛辞とともにたびたび引用される。

争いは数少なければ少ないほど良い

《およそ用兵の法則では、戦車千両・輜重車千両・歩兵十万で、千里の彼方に兵糧を送れば、前線と後方の経費・使者の往来の費用・武器の補充・車や鎧の補修など日に千金を費やして、ようやく十万の軍を動かすことができる。このようにして戦って勝ったとしても、長期戦ならば軍は疲弊し士気は阻喪し、攻城戦ならば戦力を消耗し、国外駐留が長くなれば国の財政が逼迫する。もし軍が疲弊し士気を阻喪し、戦力が消耗し財貨が尽きたならば、諸侯がその窮状に乗じて攻めてくるだろう。そうなってしまえば、どんな知恵者がいても収拾がつかなくなる。

戦いで拙速を良しとするのは聞いたことがあるが、いまだかつて巧久で良かった例を見たことがない。戦いを長引かせて国が有利になることは、いまだかつてありはしない》

戦いは勝たなければならないが、勝てばそれで良いというものではない。費用対効果に見合わない勝利は必ずしも良い結果をもたらすわけではないし、ある国に勝つために国力を消耗してしまえば、別の国々からその隙を衝かれ、かえって存亡の危機に瀕することさえある。松陰は、俗人であれば勝つことに絶大な意味があると考えてしまうところを、孫子が、次の謀攻第三で「百戦百勝は最善ではない」と述べていることに注目する。そして、これは呉子の論にも通じると指摘するのである。

『呉子』図国第一では、次のように記されている。

「天下の戦国、五度勝つ者には禍が訪れる。四度勝つ者は疲弊する。三度勝つ者は覇者となる。二度勝つ者は王者となる。一度勝つ者は帝者となる。何度も勝って天下を得る者は希であり、それで天下を失う者は多い」

ここでいう「覇」「王」「帝」については、天下を治めるのに力によるのか徳によるのかといった条件がさまざまにいわれるが、簡単にいえば、覇は春秋時代の斉の桓公や晋の文公、王はその前の殷の湯王や周の武王、帝はさらに遡る黄帝や堯といった、歴史上ないし神話上の名君を想定した概念である。すなわち、覇よりも王、王よりも帝の方が、古くて正しい地位だというにすぎない。ここで三度とか五度とかいうのも同様で、具体的な回数に意味があるわけではない。要するに、戦いに勝利しても生じるさまざまな負の影響や、いつか敗北する危険性を考えれば、天下をめぐる争いは数少なければ少ないほど良いということである。もう少し一般化して、戦略的な目的を達成するまでに行う戦いをいかに少なくするかを指針の一つにすべきである、といっても良い。

分かりやすいことでいえば、漢の劉邦と天下を争った楚の項羽は、何度も勝利し続けながら、最後の最後で敗れて天下を取れなかった顕著な事例である。逆に、天下取りが佳境に入ってからの徳川家康による、関ヶ原の戦いや大坂の陣は、戦う回数を上手く絞りに絞った事例といえよう。

兵糧を敵国に依存することで長期戦を可能にする

松陰はまた、「拙速を良しとするのは聞いたことがあるが、いまだかつて巧久で良かった例を見たことがない」という言い方の巧妙さを指摘している。つまり、普通であれば「拙速を貴び、巧久を貴ばず」というところを、「聞く」「見る」と、実際に見聞したこと、あるいは歴史に学んだこととして語るところに説得力があるというわけである。

なお、註釈によっては、「拙速」の「拙」をつたない、まずいではなく、簡素で単純であるという義で捉えることもある。その場合、「拙い」という悪い意味合いはなくなる。「巧久」の「巧」はこの逆に、「巧みな」という良い意味合いを認めず、手をかけて複雑であるというだけの義で捉えることがある。そうすると、「拙速」と「巧久」は、それぞれ「簡素で時間が短い」ということと「手をかけて時間が長い」ということを意味することになる。

松陰は、何の謀(はかりごと)もなしに勇んで突き進むのは、確かに、謀を好むばかりで決断せず、機会を失うよりも良いことがある、と述べる。戦いには速さが大切で、攻めこんだならば早く戦いを終わらせなければ敗北につながるし、謀攻第三にあるように、城攻めに三か月もかけるのは下策である、と。

ここまでは、ほかの註釈とも大差ない論といって良い。だがそこで、彼の議論は大きく転回する。

「しかし、下策もまた兵法にあるものであって、やむをえないときにはそれを行うのである。重要なのは、そこの判断である」。松陰も、孫子が長引く戦いを説得的に戒めていることと自体は認めるのだが、「これは尋常（普通一般、当たり前）の兵略をいっただけのことで、至論（理を極めた至高の論）ではない」というのである。では、その至論とは何か。

《戦うことの害のすべてを知らなければ、戦うことの利のすべてを知ることはできない。戦上手は二度徴兵することがないし、三度兵糧を運ぶこともない。物資は自国で賄うが、兵糧は敵国に依存する。だから軍の食糧は足りるのである。

国が軍の遠征で貧しくなるのは、遠方に輸送するからである。遠方に輸送すれば民は貧しくなる。軍の近くでは物価が高騰し、物価が高騰すれば民の蓄えは尽き、蓄えが尽きれば軍役も苦しくなる。国力が尽きて窮乏し、家は空になり、民は出費の十分の七を失う。政府の出費は、戦車は壊れ、馬は疲れ、甲冑（かっちゅう）・弓矢・矛（ほこ）や盾（たて）・運搬のための牛や車などで十分の六を失う》

松陰は、大きな議論が、「物資は自国で賄うが、兵糧は敵国に依存する」と短い言葉であっさり書かれていると指摘する。どういうことか。彼は、兵糧は重くて輸送に負担がかかったが、物資の輸送は相対的には負担が少なかったとの前提で、ここに注目している。つまり、「兵糧は敵国に依存する」とは、兵糧を運ばずに済ませることで負担を減らし、戦いを長引かせることを可能にする手だと理解するわけである。それゆえ彼は、「戦上手は二度徴兵することがないし、三度兵糧を運ぶこともない」というのは、理に適った戦い方をして士卒を無駄に死なせないから、再度の徴兵を行う必要がないということであり、兵糧は現地調達で賄うので、戦いが長期に及んでも三度運ぶ必要がない（遠征に出るときが一度目で、凱旋（がいせん）するときが二度目）ということだと、まとめている。

ただし松陰は、兵糧は敵国で掠奪（りゃくだつ）するのではなく、あくまで買い求めるのだとしている。

孫子自身は掠奪を否定してはいないのだが、だからといって掠奪を認めていると捉えるのでは、深謀が分かっておらず、兵学の理解が浅いというのである。ここは、人としての正しい道を守り、大義名分を守ることが、最終的には兵学的にも合理的であるとする、松陰ならではのこだわりというべきであろう。

《知将は食糧を敵国に求める。敵の食糧の一鍾（しょう）はこちらの二十鍾に当たり、馬草一石（せき）はこちらの二十石（こく）に当たる。

敵を殺すのは怒りからである。敵から奪うのは手柄になるからである。戦車の戦いで敵の戦車十両以上を獲（え）たら、最初に獲た者に褒賞（ほうしょう）し、旗指物（はたさしもの）を換える。獲た戦車は味方のものと混ぜて乗らせ、捕らえた士卒は遇して自軍に入れる。これを「敵に勝って強を増す」という。

戦いは勝ちを貴（とうと）び、久しきを貴ばず（勝つことを貴んで、長引くことを貴ばない）。このような戦いというものを知る将は、民の生死を司（つかさど）り、国家の安危を左右するのである》

敵国の食糧を得れば、自国から延々と運んでくる手間はなくなる。また、こちらが兵糧を確保した分、敵が確保できなくなるという追加の利点もある。馬草についても同様で、敵国で兵糧を得る効用が自国から輸送する場合の二十倍にも当たるというのは、そのような意味であろう。なお、「敵を殺すのは怒りからである」について、松陰は特に意味のない文章であるとしているが、「怒」を「はげます」と読み、士卒たちを激励し、勢いに乗せて戦わせる意味だとする解釈もある。

「敵に勝って強を増す」戦略成就のための言葉

いずれにせよ、松陰が至論だとしているのは、ここでいう「敵に勝って強を増す」である。つまり、兵糧と同様に、敵から奪った戦車や降伏した士卒を用いていけば、敵と戦って勝ったのに国力を疲弊させてしまうのではなく、むしろますます強化していくことも不可能ではない。ここに長期の持久戦が成立する。いわく、

――この篇の主意は、長引く戦いを維持して敵を制する法にある。しかし、かえって

長期戦の態勢を築くことが自己目的化してしまいかねないので、それを惧れて、「戦いは勝つことを貴んで、長引くことを貴ばない」と改めて述べたのである。

松陰の解釈は、一見すると突飛なものに思える。しかし、彼のいうように読んで初めて、孫子が作戦第二の前半で「いまだかつて巧久で良かった例を見たことがない」といいながら、後半で「敵に勝って強を増す」長期戦を語っていることを、整合的に結びつけることができるのも事実である。

ちなみに、「敵に勝って強を増す」のなかでも、松陰は、西洋列強の軍艦を奪って乗りこむのが妙策であると述べている。これもとんでもない話のようであるが、幕末には、西洋で造られた軍艦の持つ優越性が顕著だったためにこうした策が特に有効とされ、何度か行われている。ただし、すでに出港し、戦闘状態にある軍艦を奪うのは容易ではない。高杉晋作などは、一八六五年の功山寺決起で俗論党との内戦に臨む際、三田尻にあった藩の海軍局を逸早く押さえる形で、交渉によって軍艦を奪取している。

ところで、毛沢東麾下の将の一人として日本や国民党と戦い、『孫子』の研究者としても名高い郭化若(かくかじゃく)は、『孫子訳注』(邦訳は東方書店、一九八九年)のなかで、孫子は持久戦に反対したと解釈し、批判している。長期にわたって防衛戦を続け、敵軍を分散させ疲弊させて、そののちに反撃に転じることの重要性に、『孫子』はほとんど触れていないというのである。そもそも郭は、革命戦争が『孫子』に則って行われたということは決してないと、ことさらに否定してもいる。

しかし、彼の言葉を額面通りに受け止めることはできない。毛沢東戦略の基礎に孫子の思想があったことは、第三者的に見れば自明のことである。実際、毛はさまざまな折に触れて『孫子』を引用し、演説したり、論文を書いたりしてもいる。孫子の主張の先には持久戦があることに、吉田松陰は気づいたが、郭化若や毛沢東は気がつかなかった、ということもあるまい。毛沢東は、遊撃戦論を唱えた「中国革命戦争の戦略問題」(一九三六年)の結びの段で、「われわれの基本方針は、帝国主義と国内の敵の軍需工業に依存することである」と唱えている。敵の軍需工場で生産されたものを奪い取れば、物資には困らないというわけである。これは、「敵に勝って強を増す」の現代版だったといえよう。

『孫子評註』作戦第二・読み下し文

作戦第二

作戦は即ち戦を用ふるなり。此の篇は孫の文の稍や虚なるものなり。○註家多く言ふ、「作戦篇は客となりて且つ久しきを貴ばず」と。是れ耳食(じしょく)のみ、曾て孫子を読まざるなり。衛公云はく、「客を変じて主と為し、主を変じて客と為す」と。破的と謂ふべし。

孫子曰く、凡そ兵を用ふるの法、馳車千駟、革車千乗、帯甲十万、千里糧を饋(おく)る。

糧を饋るの下に、或は「則」の字あるも、語勢険急、恐らくは此の字を著け得ざらん。十万千里は全篇を通貫す。

内外の費(つひえ)、

此の句、下の三句を領す。内は国中を謂ひ、外は軍所を謂ふ。下段の軍費、多くは内外を分ちて言ふ。此の句又以て之れを領するに足る。

賓客の用、膠漆の材、車甲の奉、日に千金を費して、然る後十万の師挙ぐ。

然後の二字、極めて重き意を見す。

其の戦を用ふるや勝つも。

戦を用ふるは即ち作戦なり。勝の字は始計篇に接して来る。○俗人は勝を以て絶大の事と為す。而して孫子は曰く、「百戦百勝は善の善なるものに非ず」と。呉子は曰く、「五たび勝つものは禍あり、四たび勝つものは弊ゆ」と。此の処亦応に是くの如きの観を作すべし。

久しければ則ち兵を鈍らし鋭を挫き、城を攻むれば則ち力屈し、久しく師を暴せば則ち国用足らず。

三句、句法錯落、而して則の字を以て之れを斉ふ。

夫れ兵を鈍らし鋭を挫き、力を屈し貨を殫せば、則ち諸侯其の弊に乗じて起る。智者ありと雖も、其の後を善くする能はず。

智者は即ち下の「智将」及び「兵を知るの将」是れなり。後に在りては則ち善くする能はず。先に在らば則ち民生くべく、国家安んずべし。是れ一篇の針線なり。

故に兵は拙速を聞く、未だ巧の久しきを覩ざるなり。

謀なくして武進するは、或は謀を好みて断少なきに勝るものあり。拙速の二字を点し、仮を以て真と為す。孫の文の人を眩するに巧なる処なり。兵の情は速を主とす。疾く戦はざれば則ち亡ぶ。而して轒轀距堙（ふんうんきょいん）、三月城を攻むるを下策と為す。兵法に固より之れあり。亦之れを用ふるの何如に在るのみ。

夫れ兵久しくして、国、利あるものは未だ之れあらざるなり。」

三句を約して一句と為す。粗（ほ）ぼ数字を改め、則の字を以て斡旋し、以下層々転折し、一つの矣、二つの也、頓挫し得尽し、人をして凜々として、久しきを以て戒と為さしむ。然れども、是れ唯だ尋常の兵略を以て言ふ、至論に非ず。且（しばら）く下段の分解を看よ。

故に尽く用兵の害を知らざる者は、則ち尽く用兵の利を知る能はず。

害を知り利を知るの二句は、上を結び下を起す。立柱分応法、是れなり。

善く兵を用ふる者は、役再び籍せず、糧三たび載せず。

一挙すれば則ち勝つ。兵、再籍を待たざるなり。出づれば則ち之れを載せ、帰れば則ちこれを迓（むか）ふ、是くの如くにして便（すなは）ち了す。糧、三載を待たざるなり。此の篇の数字は皆用ひ得て汎ならず。

用を国に取り、糧を敵に因る。

大議論、唯だ八字を用ふるのみ。用は資用なり。資用は軽くして致し易し。故にこれを国に取る。資用を散じて糧食を収む、自ら深謀ありて存す。糧に因るを以て、専ら侵掠と為すものは兵に浅し。

故に軍食足るべきなり。」

「軍食足るべきなり」の一句乃ち了す、復た縦論せず。灰蛇草線、作法奇眩なり。軍食足らば則ち久しと雖も三たび載するを待たず、必ず利に合して動き、士卒を殺さず、故に再び籍するを待たず。用を取りて糧に因る、功効是くの如し。是れ孫子本色の議論なり。

国の師に貧しきは遠く輸すればなり。遠く輸すれば則ち百姓貧し。

又尋常の兵略を説くこと一番。上の軍食より遠輸を拈出し、文反つて前と犯さず。

師に近きものは貴売す。貴売すれば則ち百姓の財竭く。財竭くれば則ち丘役に急なり。

財竭くるは即ち貧しきなり。但し百姓貧しとは、是れ国内の民貧しきなり。百姓の財竭くるは、是れ軍所の士卒の財竭くるなり。曰く貧し、曰く竭く、字各〻当るあり。稍や句法を変じ、粗ぼ対偶を用ふ。乃ち「財竭くれば則ち急なり」の一句を安て以て之れを結ぶ。

中原に力屈し財殫き、内、家に虚しく、百姓の費、十に其の七を去る。

中原は中国なり。呉の国より斉・晋を斥す。物茂卿之れを言へり。「力屈し」は直ちに「丘役に急なり」を承け、「財殫き」は、超えて貧竭に接す。中原の句たる、直ちに「師に近き云々」を承け、「内、家に虚しく」の句は、超えて「師に貧し云々」に接す。一字一句、下し得て苟もせず。

公家の費、車を破り馬を罷し、甲冑弓矢、戟楯矛櫓、丘牛大車、十に其の六を去る。」

公家の費、百姓の費、首尾に迭置し、章法長短同じからず。而も同じく「十に去る」の句を以て之れを整ふ。七を去り六を去るは百姓を重んじて言ふ。互文に非ず。

故に智将は敵に食することを務む。

智将は即ち上の「善く兵を用ふる者」なり。但し彼れは略にして此れは詳かなり。文乃ち複せず。食の字は活読す。下の食敵の食と同じ。

敵の一鍾を食へば吾が二十鍾に当り、萁稈一石は吾が二十石に当る。

此の篇多く算数を以て言ふ。一を食へば二十に当るとは、是れ遙かに千里に照す。頗る所謂算博士に似たり。然れども兵家の切要は則ちそこに在り。

故に敵を殺すものは怒なり。

此の句唯だ以て下を起す、意義あることなし。猶ほ詩の所謂興のごとし。然れども兵理に於て則ち然り。

敵の利を取るものは貨なり。

怒は以て敵を殺すべし。私忿公怒、皆自ら用ふべく、之れを用ふるは将に存す。貨は以て利を取るべし。利は是れ敵に食ふなり。然れども啻に敵に食ふのみに非ず、「車に乗り卒を養ふ」、是の類何ぞ限らん。之れを取るは貨に在り。貨は下の賞養を兼ねて言ふ。

車戦に車十乗以上を得れば、其の先づ得たる者を賞す。

兵家は先を貴ぶ。適くとして然らざるはなし。兵機の在る所、宜しく意を注ぐべし。

而して其の旌旗を更へ、車は雑へて之れに乗り、

或は雑乗して諸軍に散置し、或は専乗して独り先鋒に任ず、皆可なり。余謂へらく、洋艦を奪ひて雑乗するの法最も妙なり。

卒は善くして之れを養ふ。

善養、最も術あり。

是れを敵に勝ちて強を益すと謂ふ。

一句反応す。已に勝ちて強を益す、啻に鈍挫屈殫を患へざるのみならざるを言ふ。

故に兵は勝を貴びて久を貴ばず。

此の篇の主意、久を持して敵を制するに在り。反つて人の久を以て貴しと為さんことを恐る、故に言ふ。

故に兵を知るの将は、民の司命、国家安危の主なり。

孫子毎篇、体あり用あり、大あり細あり、是れ及び易からずと為す。而して独り是の篇稍や降等たり。然れども猶ほ将を以て結穴と為す。是れ其の大関係の処なり。其の文字の精緻著実なるに至りては、猶ほ諸篇に出づ。抑ゝ相模の戌、遠輸貴売、官吏の苦しむ所なり。我れ孫武を起して之れを籌(はか)らんと欲す。然りと雖も、是れ将の任なり。寧んぞ私に言ふべけんや。

謀攻第三

「最上の戦い方は敵の謀を討つこと」

「この篇は注意して読まなければならない」

孫子は始計第一で戦略情勢分析を、作戦第二で戦いの経済的側面を論じたが、続く篇でもまだ、戦いそれ自体の議論には入らない。謀攻第三では、戦う前に謀を用いて、いわゆる「戦わずして勝つ」ことが論じられる。「百戦百勝は最善ではない」、「最上の戦い方は敵の謀を討つことであり、その次は敵の交わりを討つことであ」る、「彼を知り己を知れば百戦危うからず」といった警句が続く、『孫子』の愛読者には堪らない篇である。

しかし松陰は、この篇は注意して読まなければならないと述べている。

彼によれば、孫子が兵法を説く説き方は、必ずしも一定ではない。一方では、一句ごとに具体的な意味のある場合があり、始計第一、行軍第九、地形第十、九地第十一などがそれである。他方、抽象的な議論に終始し、一、二の重要な句だけで意味を持たせる場合があり、軍形第四、虚実第六などがそれに当たる。

そこで、この謀攻第三に関しては、「これが謀攻の法則である」までの前半部分は抽象的で、「最上の戦い方は敵の謀を討つことであり」のくだりだけで意味を持たせているという。

それに対して、後半は一句ごとに具体的な意味がある。途中で説き方が変わっているとするのである。

《およそ用兵の法則では、敵国を傷つけずに屈するのが上策であり、打ち破るのは次善の策である。敵軍を傷つけずに屈するのが上策であり、打ち破るのは次善の策である。敵旅を傷つけずに屈するのが上策であり、打ち破るのは次善の策である。敵卒を傷つけずに屈するのが上策であり、打ち破るのは次善の策である。敵伍を傷つけずに屈するのが上策であり、打ち破るのは次善の策である。百戦百勝は最善ではない。戦わずして敵兵を屈するのが最善である。

最上の戦い方は敵の謀を討つことであり、その次は敵の交わりを討つことであり、その次は敵の軍を討つことであり、その下が敵の城を攻めることである》

敵の「国」「軍」「旅」「卒」「伍」と、たたみかけるように対象が列挙されるが、これは要するに、国家と国家の総力を挙げた戦争から小規模の作戦に至るまで、戦いのあらゆる次元で同じことが当てはまるといっているのにすぎない。「国」は敵国全体ということになるが、「軍」は古代の兵制で一万二千五百人程度の部隊のこと。同様に、「旅」は五百人、「卒」は百人、「伍」は五人程度の部隊ということになる。

松陰は、敵を傷つけずに屈するのが上策であるのはもちろんだが、戦って打ち破ることで屈するほかない場合もあるから、これを次善の策とするのだという。ただし、敵を傷つけずに屈するには、前提として、その敵をよく打ち破ることができるのでなければならないとも論じている。つまり、戦わずして敵兵を屈するとはいうけれども、当然ながら、それで軍が不要になるというわけではない。相手が戦うのを諦(あきら)めるくらい圧倒するだけの充分な戦力があって初めて、その戦力を使わずに紛争を収める可能性が出てくるということである。

どのようにして「戦わずして勝つ」のか

では、どのようにして、戦わずして勝つのか。「最上の戦い方は敵の謀を討つことであり」云々の一文がそれを表している。「謀を討つ」とは、端的には、戦いにあたって敵の狙いとするところをあらかじめ封じこめたり、謀略を未然に防いだりすることである。

それに続く「交わりを討つ」とは、簡単にいえば、敵を仲違(なかたが)いさせたり、孤立させたりすることである。これらによって、敵は戦っても無駄であることが分かったり、戦えなくなったり、戦う意味がなくなったりする。

これに対して、「敵を討つ」は敵軍との野戦、「城を攻める」はそのまま攻城戦のことである。つまり、「謀を討つ」と「交わりを討つ」は敵を傷つけずに屈すること、戦わざることであり、「軍を討つ」と「城を攻める」は敵を打ち破ること、戦って勝つことに相当するわけである。謀や交わりを討っても敵が屈しなければ、将兵を危険に曝(さら)して野戦で撃破せざるをえなくなってくるし、それで敵を城に籠(こ)もらせれば、消耗を強いられる城攻めが待っている。

松陰は、こうした妙はなかなか説明できるものではないが、それを知っていた人物として、豊臣秀吉の名前を挙げている。

確かに、一五八四年の小牧(こまき)・長久手(ながくて)の戦いや一五九〇年の小田原征伐と奥州仕置など、経過のなかで戦いが皆無ではなかったので理論通りとはいかないけれども、顕著な事例といえよう。前者では、野戦で徳川家康の後れをとったものの、大軍を利して軍事的圧力を強め、家康の同盟相手の織田信雄と先に和睦してしまうことで、家康を孤立させていくとともに戦う大義名分を失わせている。後者では、圧倒的な大軍を展開することで北条氏を降伏へと導き、その威信で奥州仕置まで済ませてしまった。

ただし、孫子自身は、「謀を討つ」を最上としつつも、それ以上は詳しいことを説いてはいない。事の性質上、時と場合に応じて話はまったく違ってくるし、なかなか一般化できるものでもないので、仕方のないところではある。

松陰は、『孟子』の梁恵王上第五章にある「仁者は敵なし」とか、世にいう「樽俎折衝」（和やかな宴会のなかで上手く交渉をまとめること）とか、智謀を使って敵を屈するとかいうのも、すべてこれに含まれていると説明する。つまり、仁政を行うことも外交交渉も、兵学から見れば「謀を討つ」ことだというわけである。

右でいう「智謀」については特に、師である佐久間象山が、「私には別に謀を討つ策がある。気球を手に入れてワシントンに行きたい」と綴っていたという逸話を紹介し、「おそらく考えがあるのだろう」としている。気球による初の有人飛行は一七八三年に達成されていたが、島津源蔵（島津製作所の祖）がガス気球による日本初の有人飛行を行うのは一八七七年のことであり、象山の思いは果たされなかった。仮に実現していたとしても彼に充分な準備があったとは思われないが、しかし、当時のアメリカ政界は南北戦争前夜の混乱期でもあり、後知恵でいえば、与えられた任務の範囲を逸脱したペリーの行動や砲艦外交めいた不当さをアメリカの議会ないしアメリカ世論に訴えるなど、「謀を討つ」ような方法もありえなかったわけではない。

　少なくとも象山や松陰は、戦って勝つのが必ずしも良いというわけではないことは理解していたといえる。孫子の兵法において大事なことは、勝利することではなく、こちらの目的を達することなのである。

　松陰は、こうした理解の延長線上に、例えば、一八五八年の「狂夫の言」を記している。「天下の大患は、其の大患たる所以（ゆえん）を知らざるに在り」（天下の大きな災いは、それが大きな災いであることを人々が気づかないところにある）に始まって、藩政改革と綱紀粛正を訴えた、藩主に対する建言書である。

　このなかで彼は、単にアメリカが日本で通商の拡大を図っていることのみならず、それ以外の手段も併せて、日本を蚕食（さんしょく）しようとしていることに最大限の警戒感を表した。イギリスが清でとった実例を念頭に置いてであるが、アメリカは、日本で貧民院・孤児院・無料の病院などを設けて人心を得ようとするに違いない、と。さらに、役人たちを欲得で手なずけ、将軍の後継問題に介入して次の将軍の後見に納まり、諸藩の大名には蒸気船売買の担保に土地を求めて少しずつ従属化させにくる可能性まで、松陰は予想してみせている。

なお、久坂玄瑞も、一八六二年の建言書「解腕痴言」のなかで、謀攻第三から「敵国を傷つけずに屈するのが上策」「戦わずして敵兵を屈する」を引用しながら、同様の議論を展開している。高杉晋作も訪れた上海（シャンハイ）で、西洋の医者が患者の治療に乗じてキリスト教を布教していること――伝統的な道徳を一掃して、秩序を破壊するのが目的と理解された――など、西洋列強の「仁政」が、他国を奪い、民を籠絡（ろうらく）する手段にすぎないことに警鐘を鳴らして、長州の藩論を動かしたのであった。

戦いにおける臨機応変の柔軟な対応

《城を攻めるのは、やむをえないときだけである。櫓（ろ）や城攻めの車を整え、攻城用の道具を揃えるのに三か月はかかり、それから築山（城を攻めるための土山）を造るのにまた三か月かかる。それにいらいらした将が我慢できず、自軍に蟻のように城壁をよじ登らせることがあれば、士卒の三分の一が死んでも城を落とせない。これが城攻めの害である。
だから戦上手は、敵兵を屈するが、戦ってではない。敵城を落とすが、攻めてではない。敵国を滅ぼすが、長引かせてではない。必ず損失がないようにして天下を争うから、軍を温存して、すべての利益を収める。これが謀攻の法則である》

ここでの語りぶりから、松陰は、孫子自身が城攻めを試みて失敗したことがあったのではないかと想像している。

攻城兵器については、公輸般が造った、取るに足らないもので、なくてはならないものではないとして強く否定する。公輸般は紀元前五世紀の魯の技術者で、楚のために城攻めに用いる梯子車を開発したという逸話が、『墨子』の公輸第五十に登場する。これを聞いた墨子は、木札を使った攻城戦の図上演習で対戦し、公輸般の攻撃をことごとく防いでみせることで、戦いを未然に防ぐことに成功したといわれる。松陰にはその印象が強すぎて、古代の攻城兵器の是非を具体的に検討しなかったのかも知れない。それはともかく、墨子のこの話は、先の「謀を討つ」の好例と捉えることもできよう。余談だが、墨子のこの逸話が「墨守」という熟語の語源である。

《用兵の法則は、戦力が十倍ならば敵を囲み、五倍ならば敵を攻め、二倍ならば敵を分散させ、同等であれば巧みに戦い、少なければ何とか逃げ、劣っていれば上手に戦いを避けることである。小さな軍で堅守しようとしても、大軍の虜にされてしまう》

松陰は、これはあくまで定石のようなものであって、実戦で常に当てはまるものではないことを強調する。重要なのは、状況に応じて臨機応変に対応することだからである。また、こちらの兵力が少ない場合には「逃げ」るとあるのを、テキストによっては「守る」としていることを紹介している。ただし、「守る」は死ぬ可能性が高く、「逃げる」は生きる可能性が高い、と。

そこで注目されるのが、「小さな軍で堅守しようとしても、大軍の虜にされてしまう」との一文である。武士たるもの、命を捨てて奮戦することを良しとしたくなりそうだが、松陰は判断の如何であると捉えている。

彼は、「堅」というのは「固」のことであるとも指摘する。そしてそれは、『論語』の子罕（しかん）第九にある「先生は四つのものを断った。意なく（勝手をせず）、必なく（無理を通さず）、固なく（固執せず）、我なし（我を張らない）」の箇所で、良くないとされた「意必固我」の「固」、すなわち固執することであると、否定的に述べるのである。

これに対して松陰は、戦上手というものは、『孟子』離婁下第十一章に出てくる一文のようであるとする。すなわち、「約束は守り、やりかけたことはやり抜くというような美徳でも、それに固執しては不徳になる。大切なのは美徳の背後の大きな義に従うことである」と。兵学においてもまた、兵書にある字面（じづら）を墨守するのではなく、その背後にある理に従うことが大事だということになろう。

『論語』や『孟子』といった儒教の経典を通して、ここでも、戦いにおいては臨機応変の柔軟な対処が要（かなめ）になることを指摘するのである。

敗北に導かれる三つの場合

《将というものは、国という車輪を挟みとめる添え木（輔）のようなものである。添え木が密着しておれば国は必ず強くなるが、添え木とのあいだに隙間があれば国は必ず弱くなる（将と君主の関係の如何が大事である、ということ）。君主が軍を患わせることが三つある。軍が進むべきでないことを知らずに進めといい、軍が退くべきでないことを知らずに退けという。これは軍を束縛することになる。軍の事情を知らないのに軍の統率に介入すれば、将兵は困惑する。軍の臨機応変の動きを知らないのに軍の指揮に介入すれば、将兵は疑念を持つ。軍が困惑し、疑念を持つときには、諸侯がすかさず攻めてくるだろう。これを、軍を混乱させて敵の勝利を招くという》

最後の「勝利を招く」は、原文では「引勝」。大方の註釈が、敵の勝利を引っ張ってくるという意味で解釈しており、松陰もこれに従っている。金谷治の『新訂孫子』（岩波書店、二〇〇〇年）は、「引」は「去る」の意味で、ここは味方の勝利を失うことだと読んでおり、面白い。

ともあれ、ここが、謀攻第三の「三負五勝」の「三負」、すなわち敗北に導かれる三つの場合である。

松陰は、前の段で、囲み、攻め、分散させ、戦い、逃げ、避けるとあるが、その判断を任されるべきは将であると指摘する。囲んだり攻めたり、分散させたり戦ったりするのは、敵に向かっていくのであるから問題ないだろう。しかし、逃げたり避けたりするのは、敵に背を向けることであるから、賢明な君主であっても疑念を抱いてしまいがちである。そうして敵が乗じる隙が生じうるのだということを、考えておかなければならない。

いわく、

――そこに讒言（ざんげん）をなすものが乗ずる。市中に虎がいるといっても信じる者はなく、孝行者の曾参（そうしん）が人を殺したといっても母は信じなかったが、二度、三度といいだす者があると疑いを生じてついに信じてしまった（いずれも『戦国策』の説話。曾参は孔子の弟子で、呉起の旧師とされる)。そのように、将と君主や宰相とのあいだに隙間を生じるようになれば、国は必ず弱くなる。その極みは敵の虜となるだけである。輔とは車輪を補強する木のことであるが、補助する効果があるとともに取り外しできるものである。君主と将の関係を考えると、これは将にとって切実な譬え(たと)である。

なお、松陰はまた、孫子が何かといえば「諸侯、諸侯」とばかり口にすることにも留意している。『孫子』という書物が前提としている春秋戦国時代は、文明的な背景の近い国々が居並び、自国と同等の実力を持った敵国を四方八方に抱えるという戦略環境にあった。近代西洋の国際体系にも似て、勢力均衡ならずとも、一国で突出することがなかなか難しい状況であったのである。孫子の良しとする戦い方がおおむね慎重なものであるのも、一つにはそのことに起因している。

ところで、これは余談ながら、『孫子評註』のこのくだりには、次のような話も登場する。ここを松下村塾で読んだとき、松陰は、「束縛する(原文では「縻」)」とは馬のように思いのままに使うこと(原文では「御」)であるとして、それ以上の説明はいらないとした。しかし、塾生たちが腑に落ちないようだったので、じれったくなったのであろう。彼が、要するに操り人形のようなものだと説明したところ、一同が大笑いしたというのである。ただそれだけのことであるが、和気藹々とした講読のなかで、身振り手振りを交えながら懸命に伝えようとする松陰の姿を彷彿とさせる、楽しい逸話である。そのことを松陰がわざわざ『孫子評註』に書き留めておいたということも、何やら自慢げに見えて微笑ましい。

勝利を予見できる五つの法則

《勝利を予見できる場合が五つある。敵と戦うべきときと戦うべきでないときを知っておれば勝つ。兵力が多いときと少ないとき、それぞれの用兵を知っておれば勝つ。上下が心を同じくすれば勝つ。備えをして、備えのない敵を待ち受ければ勝つ。将が有能で、君主が干渉しなければ勝つ。この五つが勝利を予見する法である》

前の段に続けて、「三負五勝」の「五勝」である。松陰はここで、勝利の法則をまとめている。それは、「君主の信頼を得た将が率いる軍で、敵の謀や交わりや軍や城を討つ。しかるべきであれば動き、しかるべきでなければ止める」ということであった。無謀な戦いは絶対にしないのが孫子の思想であり、それには、為さざるべきときには止まらなければいけないと知るべきなのである。

ただし松陰は、あくまで、それぞれの場合に応じてきちんと判断することを重視した。しかるべきか、しかるべきでないか。それによって、謀を討つべきだし、交わりを討つべきだし、軍を討つべきだし、城を攻めても良いのだと。城攻めのような下策でも、何が何でも不可なのではなく、あくまでその是非を考えるのを忘れてはならないということである。

《だからいう、彼を知り己を知れば百戦危うからず。彼を知らず己を知れば、一度は勝ち、一度は負ける。彼を知らず己を知らなければ、戦うごとに必ず敗れる、と》

情報が戦いの根幹に位置することを述べたくだりである。しかし、人口に膾炙（かいしゃ）した句であるからか、松陰はことさらに説を立てようとはしていない。文章の技巧上、これが上手く謀攻第三の締めくくりになっていることを指摘するに留めている。

　つまり、前半部で「最上の戦い方は敵の謀を討つことであり、その次は敵の交わりを討つことであり、その次は敵の軍を討つことであり、その下が敵の城を攻めることである」と敵に関することが書かれていたので、「彼を知り」という言葉で結んでいる。後半部で書かれていたのは「三負五勝」であり、これは自軍に関することだから、「己を知れば」という言葉で結んでいるのだと。

『孫子評註』謀攻第三・読み下し文

謀攻第三

孫の文、句々著実なるものあり。始計・行軍・地形・九地の如き是れなり。通篇全く虚にして、一二の要言の以て之れを実にするものあり。軍形・虚実の如き是れなり。此の篇の如きは、前半（此の篇の大段は「大敵の擒なり」に在り。今、「此れ謀攻の法なり」に至るまでを謂ひて前半と為す）は是れ虚にして、謀を伐つの四要言を以て之れを実にす。後半は則ち句々著実にして、復た始計・行軍の下に在らず。註家多く虚実を分たず。瞶々を致す所以なり。
謀攻は謀を以て人を攻むるなり。篇中、謀を伐つ、国を全うす、争を全うするは即ち其の事なり。謀を伐つに謀を以てするは、全しと為す所以なり。攻むるを以て城を攻むと為すものは拘れるかな。

孫子曰く、凡そ兵を用ふるの法は、国を全うするを上と為し、国を破るは之れに次ぐ。軍を全うするを上と為し、軍を破るは之れに次ぐ。旅を全うするを上と為し、旅を破るは之れに次ぐ。卒を全うするを上と為し、卒を破るは之れに次ぐ。伍を全うするを上と為し、伍を破るは之れに次ぐ。

之れを全うするは、固より已に上と為す。之れを破るも亦以て次と為すべし。国軍卒伍皆然らざるはなし。蓋し善く之れを破る、故に善く之れを全うす。是れ術なり。豊公嘗て之れを人に教へたり。其れ何を以て之れを全破するか。妙は不言に在り、以て下段の余地を留む。

是の故に百戦百勝は善の善なるものに非ず。戦はずして人の兵を屈するは善の善なるものなり。

百戦百勝も固より亦善なり。但だ善の善なるものに非ず。其の戦はずして之れを屈するは、乃ち善の善なるもののみ。何を以て戦はずして之れを屈するか、亦不言に在り。故に上兵は謀を伐つ。其の次は交を伐つ。其の次は兵を伐つ。其の下は城を攻む。」

四言は全篇の綱領なり。謀と交とは、之れを全うすると、戦はざるとに貼す。兵と城とは、之れを破ると、戦ひて勝つとに貼す。兵・城に偏すれば、則ち謀・交に及ぶ能はず、能く謀・交に及べば、則ち兵・城其の中に在り。ここを以て上兵は謀を伐つを尚ぶ。上兵とは兵法の最も上なるものなり。但し謀を伐つは、其の説極めて長し。孫子も亦甚しくは説破せず。仁者は敵無し、樽俎折衝、亦皆其の事なり。智謀人を屈するも亦然り。乃ち交・兵・城と雖も、自ら其の中に在り。曹の始謀を伐つの説は、特だ其の一端のみ。然りと雖も活潑なるかな。吾が師の句に云はく、「微臣別に謀を伐つの策あり、安くにか風船を得て聖東に下らん」と。蓋し説あり。

城を攻むるの法は、已むを得ざるが為めなり。櫓・轒轀を修め、器械を具ふること、三月にして後成り、距堙又三月にして後已む。

器械・距闉は、乃ち輪般の余唾にして、兵家の要需に非ず。知らざる者は、大小の大事と為す、杜牧の輩の如き是れなり。距闉は吾れ妄断して、此の間の所謂迎城・附城の類と為す、方（まさ）に始めて人情に近し。

将其の忿に勝（た）へずして之れに蟻附し、士卒三分の一を殺して而も城抜けざるは、此れ攻むるの災なり。」

三分して一を殺すは、作戦（篇）の「日に千金を費す」、「十に六七を去る」と与に、孫子蓋し嘗（こころ）みる所ありしならん。惜しいかな、吾れ未だ通暁する能はず。「此れ攻むるの災なり」の一段は、上の「城を攻む」を講ず。

故に善く兵を用ふる者は、人の兵を屈するも、而も戦ふに非ず。人の城を抜くも、而も攻むるに非ず。人の国を毀（やぶ）るも、而も久しきに非ざるなり。

善く兵を用ふる者も、未だ必ずしも戦はざるにあらず。而も其の之れを屈する所以は、則ち戦ふに非ざるなり。未だ必ずしも攻めざるにあらず。而も其の之れを抜く所以は、則ち攻むるに非ざるなり。未だ必ずしも久しからざるにあらず。而も其の之れを毀る所以は、則ち久しきに非ざるなり。然らば則ち何如、且（しばら）く下の句を読め。

必ず全きを以て天下に争ふ。故に兵頓（つか）れずして、利全かるべし。

全の字三たび出づ。各ゝ当る所あり。「国を全うす」は是れ期待なり。「全きを以て」は是れ籌画なり。「全うすべし」は是れ効験なり。其の実は一なり、謀を伐つのみ。

此れ謀攻の法なり。」

「此れ謀攻の法なり」の一段、上の「謀を伐つ」を講ず。交を伐つは其の中に在り。

故に兵を用ふるの法は、

法は是れ常法なり。権は利に因りて制するもの、何ぞ其れ常とすべけんや。囲攻分戦、能逃能避は、註家喋々として弁説し、当らざるに非ざるも、要は法の字を解せず、曹、独り之れを得たり。其の十囲の説は則ち自ら道へるもの、分別して之れを見て可なり。

十なれば則ち之れを囲み、五なれば則ち之れを攻め、倍なれば則ち之れを分ち、敵しければ則ち能く之れを戦はしめ、少ければ則ち能く之れを逃れ、

「逃」は或は「守」に作る。守は則ち死に似たり、逃は則ち活に似たり。

若かざれば則ち能く之れを避く。

之の字、上と下の四つは敵を斥し、中の二つは自ら斥す。文に随ひて之れを解し、必ずしも拘らず。三つの能の字、徒視するなかれ。

故に小敵の堅きは、大敵の擒なり。」

堅は固なり。猶ほ意必固我のごとし。善く兵を用ふる者は、蓋し「大人は信を必とせず、果を必とせず、唯だ義に之れ従ふ」が如きあり。「大敵の擒なり」の一段、上の「兵を伐つ」を講ず。謀を伐ち、交を伐ちて、或は窮する者は、兵を伐ちて以て之れを足す。然れども亦謀を伐つに外ならず。

夫れ将は国の輔なり。輔周（あまね）きときは則ち国必ず強く、輔隙あるときは則ち国必ず弱し。

之れを囲み、之れを攻め、之れを分ち、之れを戦はしめ、之れを逃れ、之れを避く。顧ふに将の事に非ずや。囲攻分戦は猶ほ是れ可なり。之れを逃れ、之れを避くれば、明主と雖も疑はざるを得ず。形跡測るなく、讒間之れに乗じ、市に虎あり、参、人を殺す。是の時に当り、将と主相と釁隙（きんげき）あらば、国の弱きこと、其れ何とか謂はん。其の極亦敵の擒とならんのみ。輔は車の両旁の夾木なり。是れ車に功ありて、而も解脱すべき物なり。故に将に於て極めて切なり。周隙は輔と車との周隙なり。皆主と将とに象る。極めて切なり。

故に君の軍に患ふる所以のものは三つ、

一本に、君と軍と位を易（か）へたり。一句は則ち通ず。然れども君の字は一段を貫く、故に君は上にして、軍は下なるを勝れりと為す。

軍の以て進むべからざるを知らずして、之れに進めと謂ひ、軍の以て退くべからざるを知らずして、之れに退けと謂ふ、是れを縻軍（びぐん）と謂ふ。

此の「知らず」は是れ君知らざるなり。下の二つの「知らず」は、乃ち同じうする者知らざるなり。語少しく異るに似たるも、而も意は則ち皆君に帰す。縻は御なりと。以て尚（くは）ふるなし。吾れは乃ち傀儡を以て之れを解す、人皆頤を解く。

三軍の事を知らずして、三軍の政を同じうすれば、則ち軍士惑ふ。三軍の権を知らずして、三軍の任を同じうすれば、則ち軍士疑ふ。

三軍の事権を知らざる者をして、三軍の政任に参同せしむれば、則ち軍士疑惑す。事は是れ常事、故に政を以て対す。権は是れ権変、故に任を以て対す。意同じくして、語に浅深あるのみ。

三軍既に惑ひ且つ疑へば、則ち諸侯の難至る。

上の二節を約して一句と為し、則の字を以て斡旋す。転卸（てんしゃ）の常法なり。孫子動（やや）もすれば輒（すなは）ち曰く、「諸侯諸侯」と。当時の事情想ふべし。

是れを軍を乱して勝を引くと謂ふ。」

勝の字は、軍形篇の「勝つべし」、「勝つべからず」の字例、正に同じ。故に敵の我れに勝つを引くと云へるもの、従ふべし。

故に勝を知るに五あり。

勝を知るとは、先づ必勝を知るなり。

以て与に戦ふべく、以て与に戦ふべからざるを知る者は勝つ。

以てとは己れの軍を以てなり。与にとは彼れの軍と与になり。我が輔周の軍を以て、彼れの謀交兵城を伐ち、可なれば則ち戦ひ、不可なれば則ち止む。勝つ所以なり。

衆寡の用を識る者は勝つ。

衆には衆の用あり、寡には寡の用あり、「十囲五攻云々」に観て、亦見るべし。

上下欲を同じうする者は勝つ。

欲を同じうするは、即ち意を同じうするなり。但し始計には主を以て言ひ、ここは将を以て言ふ。而して将は固より主に外ならず、是れ言外に在り。

虞(ぐ)を以て不虞を待つ者は勝つ。将、能にして、君、御せざる者は勝つ。

能の字、上の四句を括(くく)る。此の句法極めて工(たくみ)なり。亦詭道攻出二句の法にして、而も此れは更に活なり。

此の五つの者は、勝を知るの道なり。」

「是れを軍を乱して勝を引くと謂ふ」の一段は負を知るの道なり。正に此の段と対す。負を知り勝を知りて、然る後、謀、伐つべきなり、交、伐つべきなり、兵、伐つべきなり、而して城も亦攻むべきなり。

故に曰く、彼れを知り己れを知れば、百戦殆(あやふ)からず。彼れを知らずして己れを知れば、一たびは勝ち一たびは負く。彼れを知らず、已れを知らざれば、戦ふ毎に必ず敗る。

前の半篇は、謀を伐ち、交を伐ち、兵を伐ち、城を攻む。事皆敵と関す。故に彼れを知るを以て之れを結ぶ。後の半篇は、三負五勝、事皆自ら為すに在り。故に己れを知るを以て之れを結ぶ。三句韻を用ひ、反覆嘆詠す。結法、甚しくは緊ならざるが如きも、而も其の実は極めて緊なり。

軍形第四

不敗の態勢をとり、勝機を待つ

「形」と「勢」と「水の喩え」

軍形第四で論じられているのは、戦争における静的な局面について。不敗の態勢を整えたうえで勝機を待つことである。

高度に抽象的な議論になるが、現代語にも「形勢」という言葉があるように、ここでいう「形」と、次の兵勢第五でいう「勢」とは不可分である。その関係は、「形」を物体になぞらえれば、「勢」は物体の持つエネルギーといっても良いだろう。

巻首で見た山鹿素行（やまがそこう）の議論にも示されていたように、本篇から虚実第六までの三つの篇は、ひと連なりをなすものとして解することができる。以下、兵勢第五は動的な局面を示し、虚実第六では静的な「形」から起こった動的な「勢」により、有力な「実」となった兵力で敵の無力な「虚」を撃つ、という風に続いていくのである（※兵勢第五、一四七ページの図を参照）。

この三篇に関して一つ興味深いのは、いずれにおいても、戦争に対して水の譬えがなされていることである。確かに、行軍第九や火攻第十二でも、水そのものについての言及はある。しかし、戦いの比喩として水が登場するのは、この軍形第四・兵勢第五・虚実第六の三篇に限られる。素行によれば、形があって形のないものが水であり、だから孫子は戦いを水に譬えたのだという。それぞれの「水」は、以下で見るように、

《(軍形第四) 勝つ者が戦うときには、あたかも堤で押さえていた積水を千仞(せんじん)の谷に放出するかのようになる。これが形というものである》

《(兵勢第五) 激しい水の流れが石までも押し流してしまうようなことを勢という》

《(虚実第六) 戦いの在り方は水のようなものである。水の在り方は高い場所を避けて低い場所へ向かうが、戦いの在り方は敵の実を避けて虚を撃つ。水は地形に応じて流れ方を変えるが、戦いは敵情に応じて勝ち方を変える。そのように、戦いには決まった勢がなく、水には決まった形がない》

という風に描かれ、つながっている。すなわち、積水のごとく自軍の「形」を整え、そのことで自軍から激しい水の流れのごとき「勢」をつくりだし、水が流れつく低い場所のごとき敵軍の弱い「虚」を衝く。それが、形があって形のない水のような、勝利の法則だという比喩なのである。

松陰は、軍形は「軍の定形」であるが、意味するところは簡単で、要するに孫子がこの篇でいう「道を修めて法を保つ」という当たり前のことであると、最初に指摘している（始計第一に戻れば、「道を修めて法を保つ」とは、狭義には上下の心を一つにし、制度を適切に維持することである。十家註の一人・宋の王皙も、不敗の態勢は「道を修めて法を保つ」ことからできると指摘している）。しかし、「道を修めて法を保つ」のが当たり前のことであるからといって、浅く易しいことであるとは限らない。それゆえ孫子は、読み手が安易に考えないよう、「地に蔵れ」とか「天に動く」とか、ことさらに過剰な修辞を連ねたというのである。のちの註釈者たちがそれにすっかりくらまされてしまっているのを見て、孫子は死後の世界で笑っているだろう、と。

ここでも彼に一貫しているのは、『孫子』を『孟子』と同じく、戦国乱世の思想的な格闘の書物として捉える姿勢である。だから彼は、『孫子』を兵学的に解釈する一方で、『孟子』を人としてのあるべき道に連なるものとして読む。後で見るように、単に「道を修めて法を保つ」ことこそが重要であるというだけでなく、その意味するところを広義に受け止め、国家全体の政治にまで結びつけるのである。

「勝てないなら守る」か「勝てないのは守るから」か

《昔の戦上手は、まず（自軍を敵にとって）勝つべからざる態勢にし、（敵が自軍にとって）勝つべき態勢になるのを待った。不敗は己次第だが、勝機は敵次第である。したがって、どんな戦上手も、負けないようにはできるが、必ず勝てるようにはできない。だから、「勝ちは知るべくして、なすべからず（勝利は予見できるが、必ず勝てるわけではない）」というのである。

勝てないなら守る、勝てるなら攻める。守るときは戦力が足りない（ように見せて敵を誘導し）、攻めるときは戦力が余る（ように見せて敵を誘導せよ）。守るのが上手い者は戦力を隠

し、攻めるのが上手い者は激しく動く。ゆえに自軍を維持したまま、勝ちを全うする》

自軍を「勝つべからざる態勢に」する、すなわち不敗の態勢をとることであり、敵が自軍にとって「勝つべき態勢になるのを待」つ、すなわち勝機を待つということである。

後に続く虚実第六では「勝ちはなすべきなり」というのに、孫子は、ここでは「なすべからず」といっている。矛盾しているのではないか。

松陰は答える。こちらでいうのは軍の定形についてであり、虚実第六で変幻自在な駆け引きを論じて、王の耳を驚かせたのとは異なるのだと。「勝ちはなすべからず」であるから、勝てないなら守るしかない。松陰は、守るといっても、その要点もまた「道を修めて法を保つ」だけのことであって、ほかに説はないとしている。

実はこの「勝てないなら守る、勝てるなら攻める。守るときは戦力が足りない（ように見せて敵を誘導し）、攻めるときは戦力が余る（ように見せて敵を誘導せよ）」という箇所には、異説が多い。漢文の元の文章は「不可勝者、守也、可勝者、攻也　守則不足、攻則有余」であり、解釈の余地の多い『孫子』のなかでも、分かるようで分かりにくいくだりの一つである。大きくいって、この解釈を含めて三つの読解がある。

- 勝てないなら守る、勝てるなら攻める。守るときは戦力が足りない（ように見せて敵を誘導し）攻めるときは戦力が余る（ように見せて敵を誘導せよ）。……【A1】
- 勝てないなら守る、勝てるなら攻める。守るには戦力が足りず、攻めるには余っているからである。……【A2】
- 勝てないのは守るからであり、勝つのは攻めるからである。守れば戦力が足りなくなり、攻めれば戦力が余る（守ろうとすると敵に備えて戦力が足りなくなるが、攻めるときには集中できるので余る）。……【B】

松陰は【A1】の解釈をとっているが、松下村塾で『孫子』講読に加わっていた塾生の一人であり、松陰よりも二歳年長だった中谷正亮（なかたにしょうすけ）は、【B】を主張した。参考にしたのは、これも虚実第六。「戦力が少ないのは敵に備えて分散するからであり、戦力が多いのは敵に備えさせて分散させるからである」との一文がある。中谷は、これと同じことではないかと指摘し、講読の折には、松陰も手を叩いて彼の説明を賞讃したのである。

しかし、最終的に『孫子評註』は、【A1】の説をとった。松陰の説明をまとめると、次のようになる。曹操は「勝てないなら守る」に註釈をつけて「敵から自軍を隠す」としていたが、これは「守る」からこの「足りない」の註に移すべきである。つまり、守るときは戦力が足りないように見せて敵を誘導するのである。それは、唐の太宗の見事な読解に通じる。「守るの法は要するに敵に示すに足らざるをもってするにあり、攻めるの法は要するに敵に示すに余りあるをもってするにある。敵に示すに足らざるをもってすれば、敵は必ず来て攻める。この敵は攻めるべき機が分からない（で、こちらの思い通りに攻めることになる）。敵に示すに余りあるをもってすれば、敵は必ず守りに入る。この敵は守るべき機が分からない（で、こちらの思い通りに守ることになる）」（『李衛公問対』下巻）。攻めるとか守るとかいうのは戦い方の問題であって、敵に備えたり敵に備えさせたりするのは戦う前のことである。だから、中谷の説は当たっていないのだと。

「戦いに長けた者は、道を修めて法を保つ」

《誰にでも分かってしまうような勝利は、最善ではない。戦いに勝利して、天下が賞讃するようなものは、最善ではない。極めて軽い秋毫（しゅうごう）を持ち上げたところで力が強いわけではないし、明るい日月が見えたところで目が良いわけではないし、轟きわたる雷霆（らいてい）を聞き取ったところで耳が鋭いわけではない。古来、戦上手と呼ばれるのは、簡単に勝てるときに勝ったのである。だから、戦上手が勝っても、智謀の名も勇猛の功もない。そしてその戦勝は間違いないのである。それは、措置するところがすべて勝利につながっているからであり、すでに敗れる状態にある敵と戦って勝つからである》

秋毫は秋に生え変わった極めて細い獣毛、雷霆は激しい雷。非常に軽いものの例と大音量で轟くものの例であり、日月が明るくはっきり見えるものの例であるのと同様に、極端な比喩である。

松陰は、これらが簡単に勝てるときに勝つことの単なる譬えでしかないことに気づかず、何やら奥深い説明を加えてしまう註釈者たちを、批判する。ここは、簡単に勝てるときに勝つ、としかいっていないのである。そして、そのための元となる「道を修めて法を保つ」ということは、よく考察すればごく簡単なことであるにすぎないのに、みんな通り過ぎてしまうと指摘する。しかし、道と法の効用は、あらゆる場面に通じるのだという。

《戦上手は、まず自軍を負けない状態に置いたうえで、敵軍が示した敗北の隙を逃さない。だから、勝つ戦いをする者は事前に勝利を捉えてから後に戦いを求め、負ける戦いをする者はまず戦ってみてから事後に勝利を求めるのである。戦いに長けた者は、道を修めて法を保つ。だから勝敗を左右できるのである》

兵学における王道の重要性は、松陰が繰り返し強調する論点である。――道と法は、始計第一に出てきた五事のうちの二つであり、道なくして法なく、法なくして道なし、両者は一方を欠けば成り立たない、と。

兵学の理はほかのあらゆることに通じると考える松陰は、『講孟余話』尽心上三十七章でも、「勝つ戦いをする者は事前に勝利を捉えてから後に戦いを求め、負ける戦いをする者はまず戦ってみてから事後に勝利を求める」の一文を引き合いに出して、学問を志すのも同じだとしたことがあった。すなわち、学ぶべき先生を安易に求めるのではなく、まずは自分の思いをじっくり確かにし、自分で何かをなそうとしてから、先生を探し求めるべきである。思いがあるのになかなか達成することができず、為そうとするのになかなか成し遂げられない。そのような状態まで自力で進んだうえで、大いに発奮して学問を志し、そのために学ぶべき先生を探し求めるのが、本物である。それなのに、先に先生を求めてから学び始め、それで学んだ結果として何かを行うというのでは偽物である、と松陰先生は厳しい。

幕末日本で考える「五つの局面」

《兵法では五つの局面が挙げられる。第一に度（ものさし、そこから転じて土地の広さ）、第二に量（ますめ、そこから転じて物資の生産量）、第三に数（人口）、第四に称（はかり、そこから転じて戦力の強弱）、第五に勝（勝敗の行方）である。地勢から土地の広さが決まり、土地の広さから生産量が決まり、生産量から人口が決まり、人口から戦力が決まり、戦力から勝敗が決まる。
だから、勝ち戦は鎰で銖を量るくらいに（重さの単位で、鎰は銖の数百倍）圧倒的に優勢に立つものであり、負け戦は銖で鎰を量るくらいに圧倒的に劣勢に立つものである。勝つ者が戦うときには、あたかも堤で押さえていた積水を千仞の谷に放出するかのようになる。これが形というものである》

松陰によれば、「道を修めて法を保つ」のうち法しか出てこないが、道のことはほかの篇でも説かれており、道がないところはないから、ここでわざわざ講じるのは法だけである。始計第一でも五事の一つとしてすでに論じられているが、そのときには法の意味するところは軍の編制や職務分担のことに限られていた。しかし、それだけでは説き尽くせないので、改めてまたここでとりあげられているのである。この法こそがここでいう軍形というものの元であって、陣法とか軍営法とか築城法とか、はては国政に至るまで、どれにでも通ずる、とする。

一つ面白いのは、ここで松陰が、日本を再編・再建する可能性について少し吟味しようとしていることであろう。彼が富永有隣（ゆうりん）や中谷正亮らとともに『孫子』を講読し、最初の評註をまとめたのは、一八五七年のことであった。同年にアメリカ初代総領事タウンゼント・ハリスとのあいだで日米約定が結ばれた、その後のことである。彼らは、ハリスは一兵も動かすことなく少しずつ日本を侵しているのだと捉えており、これまでにない強い危機感を感じていたのであった。

松陰は、五つの局面について、「これを日本列島でいえば、東西六百里・南北二百里の面積に億兆の人民がおり、二百六十の藩主がいる」云々と、日本の現状に当てはめていく。「いま特に東藩（江戸幕府）についていえば、執政（将軍）が内（幕府）にあって、大小諸々の藩主たちが寄り集まっている。加賀の前田、薩摩の島津、仙台の伊達（だて）のような大きな藩があるが、東藩に代わる中心になるほどの重みはない。もしこれを正しい道によって統（す）べれば、おのずから勝利が生ずる」。

松陰が『孫子評註』をまとめたときには、のちに明治維新に結実する変革は、まだ具体的な姿を見せてはいない。例えば、いわゆる薩長同盟が成立し、幕末の情勢が本格的に転回するのは一八六六年と、ずっと先のことである。ここでは彼の論理に飛躍があるというよりも、具体的な中身を考えるのではなしに、全体の構図を粗描しただけというべきであろう。そのうえで、目を引かれるのは、「道を修めて法を保つ」をかなり重視した軍形第四にあって、日本を立て直して対外的に負けないようにする根本が、「道」すなわち大義にこそ求められていることである。

しかも彼は、量や数といった概念を、量は「太極」のごとく陰陽未分で、数は「儀」「象」「卦爻（かこう）」のごとく無数の可能性を持つものとして捉えている（「爻」は「卦」をなす最小の単位。道教におけるパターンで、「易に太極あり、是れ両儀〈陰・陽〉を生じ、両儀四象〈老陽・少陽・少陰・老陰〉を生じ、四象八卦〈乾（けん）・兌（だ）・艮（ごん）・離（り）・坎（かん）・坤（こん）・震（しん）・巽（そん）〉を生ず」〈『易経』繫辞上伝〉というように、おびただしい組み合わせからなる）。幕府や諸藩の基礎がそれぞれどの面でどうであり、どのように組み合わさってもいくかを考えれば、現状を絶対的なものと捉える必要はないということであろう。

最後に勝敗に結びつく戦力が敵味方の称であるが、称は地（ここでは度や量）と人（ここでは数）とを併せ量ったものなのだから、なおさら見通せなくなる。要素の一つ一つが有機的にまとまり、同じ方向性を持つならば、様相は一変するに違いない。そのような潜在的可能性の広がりを前提にしておればこその、人々を導く「道」の重要性なのであった。

陳亮の「諸葛亮」論を註釈とすべし

軍形第四の最後に、松陰は、この篇を応用した好例として、三国時代の蜀漢の丞相・諸葛亮（孔明）が魏の名将・司馬懿（仲達。三国を統一する晋の高祖）を苦しめた、最後の五丈原の戦いに至る攻防をとりあげている。

諸葛亮は、魏に対する北伐では常に兵糧の補給という問題を抱えたが、このときには屯田や補給の改良によって、何とか長期持久の構えをとった。万全の態勢で司馬懿が出てくるのを待ち受けたものの、志半ばにして病没したため、ついに勝てなかったのであった。松陰は、南宋の政治家で兵学者でもある陳亮（龍川）が書いた『龍川文集』の諸葛亮のくだりを、この篇の註釈として読むべきであるとしたのである。

『龍川文集』は、尊王攘夷の思想家として知られる大橋訥庵をはじめ、明治の元勲・西郷隆盛に至るまでの幕末の志士たちに愛読された著作である。そして、彼らが賞讃する英傑の一人が陳亮であり、諸葛亮であった。

諸葛亮が歴史上有数の名軍師とされてきたことには、論を俟たない。しかし、彼が日本人の心を捉えてやまないのは、その兵法家としての神算鬼謀のゆえだけではなかろう。松陰には諸葛亮を讃えた漢詩があるが、それも「大義、千秋に掲ぐ」と結ばれている。諸葛亮は、大義を守り忠節を貫き、劣勢の蜀漢を、命を削る精励で支えた人物と知られているからこそ、江戸の昔から愛されてきたのである。

志士たちにとっての陳亮も同じことである。南宋は、北宋が金によって滅ぼされた後、長江流域を中心にできた亡命政権というべき王朝であり、百五十年ほどで滅ぶことになった。北宋にせよ南宋にせよ、戦争には弱かったのである。だからこそかえって、北宋の時代に中華思想が発達し、兵学においても漢人の伝統を見直す武経七書の制定が行われた。陳亮はその流れを受け継ぎ、古い時代の用兵成敗をよく研究し、金に対しては主戦論を唱えたが、ついに果たせなかったのであった。

陳亮の諸葛亮論を見ていこう（なお、陳亮は宋の時代の人であり、のちの明の時代に書かれた物語である羅貫中の『三国志通俗演義』の影響は当然受けていない点、いわずもがなながら留意を要する）。彼は、諸葛亮の統治が帝王の政というべき正しいもので、その結果、社会の風俗も礼儀に適い落ち着いたものになったことを挙げている。

それに対して兵法家としての諸葛亮の評価は後世必ずしも高いものではないが、これは宿敵であった司馬懿が諸葛亮には敵わないので、せめて部下たちには自分の方が優れていると信じこませようとしていった言葉を、真に受けてしまう者が多かったためであるとする。そのうえで、両者の最後の対決に論評を加えるのである。

まずは、祁山での攻防について。諸葛亮は兵糧調達のために麦刈りを実施し、それを聞きつけた司馬懿が長駆襲撃せんと試みたが、蜀軍はすでに撤退した後であった。司馬懿は、魏が強行軍で疲労したこの機に攻めることを考えなかったことをもって、諸葛亮は兵法に明るくないと批判している。しかし陳亮は、手持ちの兵糧のない状態で敵と戦えば、いったんは勝てたとしても後が続かないのだから、機をわきまえた者のすることではなく、諸葛亮は正しいと反論する。

次に、斜谷での攻防について。司馬懿は渭水を渡って陣を布き、相手がこれを避けて五丈原に出るならば安心だと語ったが、諸葛亮はその通りに五丈原に布陣してしまった。しかし陳亮は、司馬懿は河を背にいわゆる背水の陣を構えて死地——九地第十一にいうように、必死で戦うことでむしろ生きる地――にあり、これを撃とうとするなら愚策であったと指摘。司馬懿は、諸葛亮がそうした愚策に出ないことを承知のうえで、彼が怯懦であるかのように印象づけるために先読みしてみせたのだと喝破する。

第三に、司馬懿は諸葛亮を論じて、志は大きいが機を見ることができず、謀略ばかりで決断ができず、戦いを好むが時宜を捉えることができないとしている。しかし陳亮は、諸葛亮は軍の節制をよく維持し、常道を外れた偽りを用いず、小利を貪ろうとしなかったと評して、前言は司馬懿の本心ではなく、部下を欺こうとしただけだと反駁した。

それでは、その司馬懿の本心とは何か。彼は諸葛亮の死後、蜀軍の陣営の跡を巡検して、天下の奇才であったと讃嘆している。これに対して陳亮は、自分が諸葛亮には到底及ばないことを陣法から悟り、思わず口にしてしまったのだとして、それこそが司馬懿の真情であったと述べる。『龍川文集』諸葛亮の条は最後に、『李衛公問対』の李靖のように兵法に通暁した人物が、諸葛亮の兵制の妙を委曲を尽くして説きながら司馬懿のことには一言も触れていないのを見ても、事の成否だけで歴史上の人物の是非を論じるのは書生論で、間違いであると結ぶのである。

兵法家たちの、時代も国家も超えた共感の連なり

松陰のいう通りに軍形第四の註釈とするなら、それは何より、諸葛亮が「道を修めて法を保つ」のに優れ、自軍を敵が「勝つべからざる態勢に」し続けることができたことに求められよう。兵糧の確保を怠らず、司馬懿があえて見せた隙に誘き出されず、自軍の節制を維持した。

結果だけを見れば、確かに、蜀軍を魏軍に優越させることは難しく、敵を自軍にとって「勝つべき状態になる」ようにする、すなわち敵の態勢を崩してその本当の隙を衝く前に、彼の寿命は尽きてしまった。しかしその戦い方自体は、道を修め、不敗の態勢を整えて勝機を窺った、軍形の好例ともいえるものであったと理解することがで

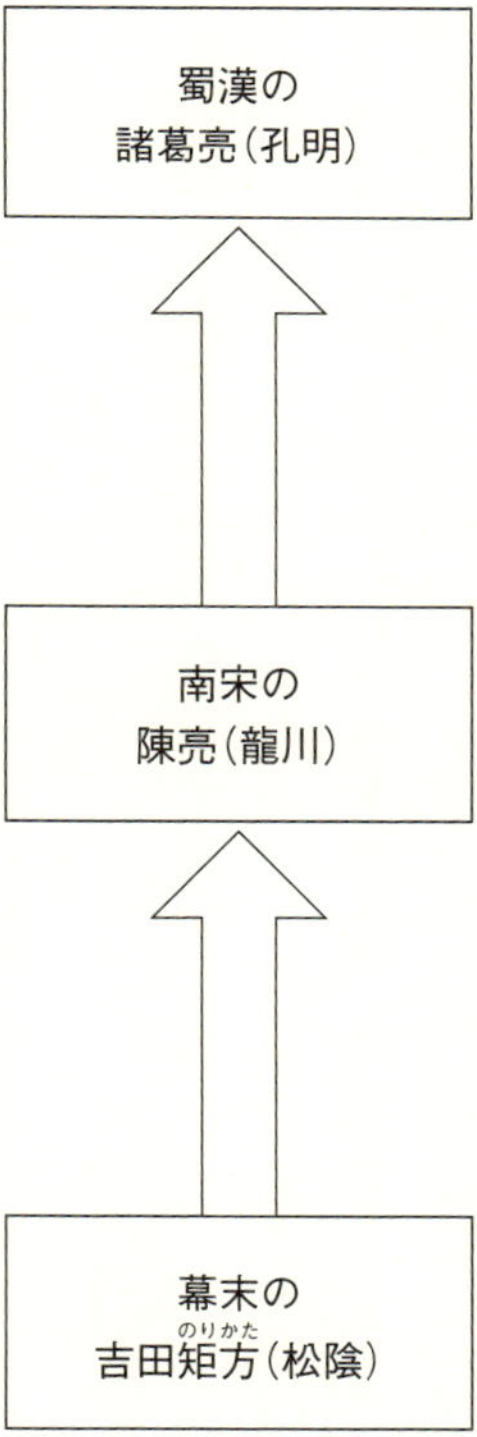

蜀漢の
諸葛亮（孔明）

↑

南宋の
陳亮（龍川）

↑

幕末の
吉田矩方（松陰）

きたのであった。

ここには、危機の時代に劣勢の祖国を守ろうとする兵法家たちの、時代も国家も超えた共感の連なりがある。南宋の陳亮は蜀漢の諸葛亮を賞讃し、志を同じくしようとした。幕末の志士たちもまた、諸葛亮を賞讃するとともに、諸葛亮を賞讃する陳亮をも賞讃し、志が彼らと同じであることを確かめたのである。

歴史の積み重なりだけが持つ独特の重みが、時を超える兵学の理の普遍性を示し、そしてまた、現状にばかり目を奪われる同時代の人々のなかで孤立しがちな、志士たちの心を慰めたのであった。

『孫子評註』軍形第四・読み下し文

軍形第四

――軍形は軍の定形なり。篇中に所謂「道を修め法を保つ」は是れ其の物なり。反つて道の字を脱して法を説く。法は即ち兵法云々是れなり。孫子、読者の視て以て浅易（せんい）と為さんことを慮り、故ら（ことさ）に虚声恐喝して一篇の文字を作る。而して註家皆其の眩する所となる。孫子にして知るあらば、応（まさ）に吾が計の偶ゝ当れることを地下に大笑すべきのみ。

孫子曰く、昔の善く戦ふ者は、先づ勝つべからざるを為して、

王皙（おうせき）曰く、「勝つべからずとは、道を修め法を保つなり」と。之れを得たり。

以て敵の勝つべきを待つ。勝つべからざるは己れに在り、勝つべきは敵に在り。故に善く戦ふ者は、能く勝つべからざるを為して、敵をして之れに必ず勝つべからしむる能はず。故に曰く、勝は知るべくして、為すべからずと。

虚実に曰く、「勝は為すべきなり」と。而してここに為すべからずと曰ふは、是れ軍の定形を以て言ふ。彼の「敵を待ち人を致す」と云ふものと、立言自（オ）ら別なり。

勝つべからざるものは守るなり。勝つべきものは攻むるなり。

守るも亦道法のみ、更に他説なし。曹の説は巧に過ぐ。

守れば則ち足らず、攻むれば則ち余りあり。

唐の太宗曰く、「守るの法、要は敵に示すに不足を以てするに在り。攻むるの法、要は敵に示すに有余を以てするに在り。敵に示すに足らざるを以てすれば、則ち敵必ず来り攻む。此

れは是れ敵其の攻むる所を知らざるものなり。敵に示すに有余を以てすれば、則ち敵必ず自ら守る。此れは是れ敵其の守る所を知らざるものなり」と。嗚呼、之れを尽せり。曹公の註、「勝つべからざるものは守るなり」を「蔵形」と為す。吾れ謂へらく、宜しく移して不足の解と為すべしと。守れば則ち足らず、攻むれば則ち余りありを、向に賓卿、虚実篇の「人に備ふ」と、「人をして己れに備へしむ」とを以て、之れを解し、余時に手を拍つて妙と称せり。今復して思ふに、遂に太宗の説の美なるに如かず。蓋し攻守皆兵法にして、人に備へ己れに備ふると同じからず。

善く守る者は、九地の下に蔵れ、善く攻むる者は九天の上に動く。

九天九地は、唯だ其の高深を言ふ。其の語は則ち遁甲に出づと言ふ。足らずと余りあると、地に蔵ると天に動くと、二致あるに非ず、特だ其の言を高深にして、人をして捉摸する能はざらしむるのみ。

故に能く自ら保ちて、勝を全うするなり。」

一段。攻守双関、句々対待、而して守るは是れ形、攻むるは是れ勢、知るべし、形勢の二者、分たんと欲して得ざるを。結末、勢を仮りて形を明かにす。亦何ぞ已むを得んや。

勝を見ること、衆人の知る所に過ぎざるは、善の善なるものに非ず。

以下、「已に敗れたる者に勝つ」に至るまでを二段と為す。単に勝ち易きを言ふなり。註家多く此の句を解せず、枉げて奥妙の説話を作す。殊に知らず、道を修め法を保つは、平々易々なるを。衆人察せず、是れ以て其の知る所に過ぐるに足る。

戦ひ勝ちて天下善と曰ふは、善の善なるものに非ず。

此の二句を解し得れば、則ち下の秋毫・日月・雷霆の三句、勝ち易きの謂たること、弁を待たず。註家多く之れを失へるは何ぞや。

故に秋毫を挙ぐるも、多力と為さず、日月を見るも、明目と為さず、雷霆を聞くも、聡耳と為さず。

勝ち易きに勝つも、智勇と為さず。

古の所謂善く戦ふ者は、勝ち易きに勝つ者なり。故に善く戦ふ者の勝つや、智名なく勇功なし。故に其の戦ひ勝つや忒はず。忒はざる者は、其の勝を措く所、已に敗れたる者に勝てばなり。」

善く戦ふ、勝ち易し、忒はず、勝を措く、皆道法の効なり。廊廟原野、到る処並是れなり。

此の段、勝ち易きを言ふ。已敗の二字、隠々に下段を起す。而して敵の字を現はさざるは最も妙なり。

故に能く戦ふ者は、不敗の地に立ちて、敵の敗を失はず。

又攻守を双言して、「先づ勝つべからざるを為して、以て敵の勝つべきを待つ」と繳応す。但し「勝つべからず」を「不敗」と為し、「勝つべき」を「敗」と為し、「待つ」を「失はず」と為す。語勢更に活なり。

是の故に、勝兵は先づ勝ちて後に戦を求め、敗兵は先づ戦ひて後に勝を求む。

先づ勝ちて後戦ふは、已に敗れたるに勝つと何ぞ異らん。両節を以て両段を括り、然る後本意に入る。

善く兵を用ふる者は、道を修めて法を保つ。故に能く勝敗の政を為す。」

道と法とは、始計の五事の二つ、二者一を闕けば不可なり。前面皆虚にして、ここに至りて方に僅かに把柄を見る。能く勝敗の政を為せば、則ち勝実に為すべからざるに非ず。此の段、上を承けて下を起す。

兵法、一に曰く度、二に曰く量、三に曰く数、四に曰く称、五に曰く勝。

道の説は、前後の諸篇に具す。況や道は則ち在らざる所なし。故に独り法を講ず。法は、曲制・官道、未だ尽さざるものあり。故に復た五事を論ず。所謂軍形は正にここに在り。陣法・営法・築城・宰国、均しく此の法なり。

地は度を生じ、度は量を生じ、量は数を生じ、数は称を生じ、称は勝を生ず。

之れを大八洲の地に譬へんに、東西六百里、南北二百里、爰に億兆の生霊を容れ、爰に二百六十大小名を置く。今特に東藩に就いて之れを言へば、執政内に在り、大小名輻湊す。加薩仙台の諸大藩ありと雖も、偏重するに至らず。若し之れを貫くに道を以てせば、勝乃ち自（オ）ら生ぜん。量は猶ほ太極のごとく、数は猶ほ儀・象・卦爻（くわかう）のごとし。人或は量数の別を疑ふ、故に之れを言ふ。称は地と人とを併（あは）せ権（はか）る。韓信の握奇経解に云ふ虚実の二塁、是れなり。

故に勝兵は鎰（いつ）を以て銖（しゅ）を称（はか）るが若く、敗兵は銖を以て鎰を称るが若し。

度量数称は、一の勝の字に匯（くわい）し、一転して勝兵となる。前の称の字は、是れ自ら吾が地と人とを称（はか）る。ここの称は、是れ彼我の軽重を称（はか）る。拘りて之れを視ることなかれ。

故に勝者の戦、積水を千仞の渓に決するが若くなるは、形なり。

積水は是れ形、決するが若きは是れ勢なり。孫子、形を論ずること至れり。猶ほ其の一定して、転化活動の機を見ざるを慮り、乃ち勢を仮りて形を明かにし、且つ下篇の張本と為す。謂ふが如きは是れ勢なり。而も其の由る所のものは形のみ。諸葛武侯、師を渭南（ゐなん）に出し以て司馬懿（しばい）を窘（くるし）む。蓋し深く力を此の篇に得たるなり。宋の陳同甫に武侯論あり、快甚し、以て此の篇に註すべし。

兵勢第五

勢はつくりだすもの

ことさらに指揮命令を複雑にしても意味がない

兵勢第五では、戦争の動的な局面が論じられる。前篇に続いて抽象的な表現にならざるをえないが、軍形第四で述べられていたのが戦争の客観的、物質的な把握であるとすれば、兵勢第五はそこに主観的な変化、動きを加えるものであるといえる。

始計第一にもあったように、ここでいう「勢」とは、何もなしにおのずから存在するものではない。もともとあった情勢に、人が主体的に働きかけることで生じるものだと捉えられている。

「勢」と「形」の関係について、松陰は、勢とは形の動的状態であり、形とは勢の静的状態である、としている。そして、軍形第四では形に「軍」という文字を加え、兵勢第五では勢に「兵」という文字を加えているが、そこには過度にこだわる必要はないと論じる。

——確かに、「軍」とは軍隊のことであり、古代でいう「兵」とは武器をとって戦うことであるから、ここでも前者は静的であり、後者は動的である。しかし、戦いは軍隊でなければできないことであり、軍隊は戦えるのでなければ存在する意味がない。強いて分けない方が良い。

《大軍を統制するのにあたかも少数の軍を統制するかのように統制できるのは、「分数」（＝よく編制されていること）による。大軍を戦わせるのにあたかも少数の軍を戦わせるかのように戦わせられるのは、「形名」（＝よく指揮命令に従わせていること）による。全軍を動かし、敵の攻撃を受けて敗れることのないようにできるのは、「奇正」（＝よく奇兵と正兵を用いていること）による。攻撃する敵に対して、硬い砥石を柔らかい卵にぶつけるかのようにできるのは、「虚実」（＝よく虚と実を用いていること）による》

松陰は、ここでも「統制する」が静的で、「戦わせる」が動的という風に、一応分けられることを示す。

それはともかく、面白いのは「戦わせる」のくだりに関して、「今特に掲ぐ」といって、思い出話をしていることであろう。江戸時代のいわゆる流派兵学の学者たちは、金鼓（鉦や鼓）や旗印で兵士たちを進めたり退かせたり、分散させたり集合させたり、やたらと煩わしく難しい形式をつくっていた。しかし、少年時代にこの箇所を読んだ彼が気づいたのは、少なくとも孫子は、金鼓や旗印を用いて指揮命令をするときに、簡潔に「戦わせる」とするに止めていることであった。ことさらに指揮命令を複雑化しても、口先で敵を攻撃するようなものでしかなく、実質的な意味がないのだと。

幼くして山鹿流兵学師範の家を継ぎ、さまざまな流派の兵学をも学んだ松陰のことである。陣立ての細かな約束をはじめとして、当時の流派兵学の煩雑な決まりごとの数々にうんざりさせられることも、おそらく多かったに違いない。そして彼は、そのようなことにはあまり中身がないことを悟り、泰平の時代を過ごしてきた兵学が、ある部分では机上の空論と化したことを悟ったのだと思われる。

「編制、指揮命令、奇兵、正兵、虚実」という流れ

なお、孫子の表現がとりわけ簡潔であることもあって、分数から虚実に至る流れについて、さまざまな註釈がなされてきた。唐代の兵学者であった李筌は、「砥石は実、卵は虚で

ある。実で虚を攻撃するから、その勢は易々としている」と補っているが、松陰の評価は、よく比喩を解したというだけである、とにべもない。

それに対して、宋の兵学者の張預は、「軍を合わせ、兵士を集めるときには、まず編制を定める。編制が決まったら、指揮命令の合図を学ばせる。指揮命令がきちんとなったら、その後、奇兵と正兵を分ける。奇兵と正兵の分担がきちんと分かれたら、その後、虚実を捉える。四つの事（分数、形名、奇正、虚実）には順序があるのである」と主張した。

松陰は、「張預はまだ粗い」としながらも、この説をもとに次のように論じている。

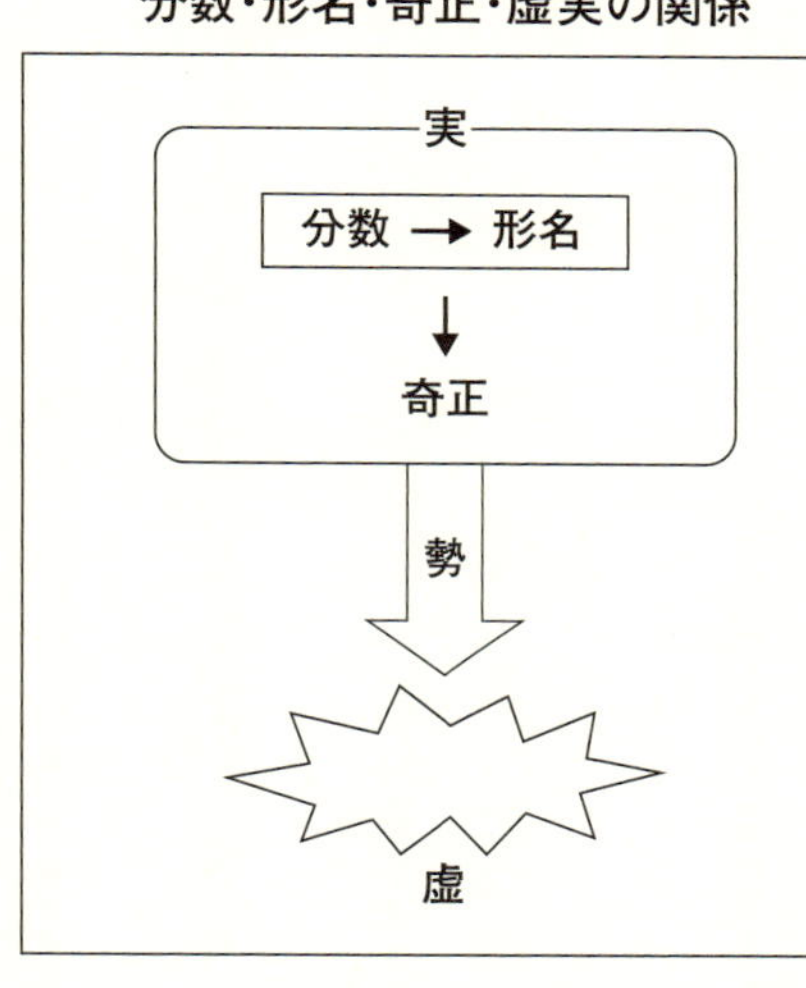

――「統制する」が静的で、「戦わせる」が動的であったのと同様、「敵の攻撃を受けて敗れることのないように」すること

（奇正）はまだ静的であり、「攻撃する敵に対して、硬い砥石を柔らかい卵にぶつけるかのように」すること（虚実）は動的である。

まとめれば、まず編制があり（分数）、その後に指揮命令がある（形名）。この二つが揃った後に、奇兵と正兵がある（奇正）。この三つが備わるから、味方は戦力としての実を得るので、それから敵の実を得ていない虚を攻撃するのである（虚実）。

すなわち、この虚実は最後にあって、その前の三つ（分数、形名、奇正）とは違う。三つは軍形の局面であるが、虚実は兵勢の局面なのである。

「戦いは正兵で敵に対し、奇兵で敵に勝利するものである」

《戦いは正兵で敵に対し、奇兵で敵に勝利するものである。だから、上手に奇兵を繰り出す者（将軍）の変化のさまは、天地のように果てしなく、長江や黄河のように（松陰は「海のように」と書かれた武経本と見比べて、十家註本の「黄河のように」の方がふさわしいとしている）涸れることがない。沈んではまた昇ることでは日月と同じであり、去ってはまた来ることでは四季と同じである。

漢語には五つの発音があるだけなのに、五つの組み合わせの変化は聞き尽くせない。色には五色あるだけなのに、五色の組み合わせの変化は見尽くせない。味には五種類の味があるだけなのに、五つの組み合わせの変化は味わい尽くせない。同じように、戦争の形態には奇兵と正兵しかないが、奇兵・正兵の組み合わせの変化は究め尽くすことができない。奇兵は正兵を生み、正兵は奇兵を生み、丸い輪には端がないようなものである。誰にそれが究め尽くせようか》

ここで最初の四つの項目から奇正だけが抜き出され、分数、形名、虚実と結びついた形で、静的ではなく動的なものを指すに転じていることを、松陰は指摘する。さらに、「上手に奇兵を繰り出す者」のくだりでは、奇兵・正兵から奇兵だけが抜き出されている。これは、兵学者の務めは巧みに奇兵を繰り出すことにあるが、きちんと正兵が働いていることがその前提となっているからである、とも論じる。

一八五八年の「西洋歩兵論」は、松陰が、「戦いは正兵で敵に対し、奇兵で敵に勝利するものである」という命題をもとに、あるべき兵制について検討した提言である。

彼はそこで、例えば相撲であればしっかりと組み合うのが正で、小股をとるのが奇であると分かりやすく説明し、西洋人は歩兵を正兵とし、騎兵・砲兵を奇兵にしていると指摘。奇兵は教えられるものではないから、まずは正兵を整えるべく、日本でも西洋の節制に倣って訓練を積んだ歩兵をつくることを提案している。中級身分の若い武士から選抜した三十人を、西洋の学問を学ぶ適塾のあった大坂に派遣して洋式歩兵術を学ばせ、彼らを指揮官として、足軽だけでなく農兵二千五百人ほどに軍事教練を行うとしたのである。

このとき、松陰が正兵とした西洋式歩兵の構想が、のちに高杉晋作らの奇兵隊へと発展していくことは、いうまでもない。一八六三年の下関戦争でフランス軍の反撃を受けて惨敗した長州藩が、松陰の墓所の近くで隠棲していた高杉を召し出して対策を問うたところ、彼が示したのが奇兵隊創設の案であった。いわく、「臣に一策あり。有志の士を募って一隊を創立し、奇兵隊と名づける」。

ただし、それが「奇兵」と呼ばれるのは、軍事上の役割が奇兵にあるという以上に、藩の正規兵がすでに存在しているのに対して奇兵と位置づけられるためである。すなわち、「専ら奇兵にのみ従事するのではなく、奇兵のなかにまた正兵があり、奇兵がある」と。身分を問わずに有志を募集して、まずは、高杉の指揮の下に六十人ほどの遊撃部隊が編制されたのであった。

「西洋歩兵論」に話を戻すと、松陰はここで、教えられるものではないとした奇兵については短兵接戦（突撃）を行うとするものの、砲撃を用いることも考えており、奇兵の本性からして当然のことながら、正兵と正兵のぶつかり合いで生じる機を窺うものであって、固定的には考えていない。

なお、『孫子評註』で形式主義に陥った流派兵学を批判していた調子そのままに、いまの陣立ては遊びである、兵学は炬燵兵法である（役に立たない）などと批判しているほか、戦国時代に最も節制の優れていた甲州（武田氏）の兵は、決まりごとが単純明快であったことも論じている。指揮命令を複雑化させた流派兵学への批判である。

松陰の兵学講読を彷彿とさせる部分

《激しい水の流れが石までも押し流してしまうようなことを勢という。猛禽類が素早い攻撃で獲物を傷つけ挫いてしまうようなことを節（＝時機を逃さないこと）という。だから、戦上手が繰り出す勢は鋭く、節は素早い。勢は引き絞った石弓のようであり、節は石弓の仕掛けを作動させるようである。乱戦になっても、敵がこちらを混乱させることはできない。戦況が混沌としても、自在に対応する形であるため、敵がこちらを敗れさせることはできない》

漢文は、しばしば主客が曖昧になる。最後の二文、『孫子評註』では原文の「不可乱」「不可敗」が敵にとって不可能であることを示すと解釈しているが、味方にとっての禁止を示しているという読みも一般的である。その場合、「敵がこちらを混乱させることはできない」は「味方は編制を乱してはいけない」、「敵がこちらを敗れさせることはできない」は「味方は隙をつくってはいけない」という意味になる。松陰は、編制（分数）と指揮命令（形名）の極みであると讃えているが、そうなると、読んでもあまり意味のない、ただの修辞の部分ということになってしまう。味方にとっての禁止、すなわち注意事項が書かれていると捉えた方が良いのではないだろうか。

しかし、松陰がそのように読もうとする気持ちも分かるくらい、このくだり以降、勢という抽象概念の意味合いを伝えるために、孫子はとにかく修辞を駆使していく。そして松陰の方も、それを何とか解きほぐして伝えようと、譬え話を使い、手を替え品を替えて説明しようとしているのである。『孫子評註』のなかでも、特に当時の松下村塾での講読の様子を彷彿とさせる部分でもあるので、長くなるが、ここは松陰の評注をそのまま訳出したい。

――水はとても柔らかいので、頑丈で重い石には敵わないかのようであるが、激しく流れれば、石を押し流すに至る。ましてや猛禽類の逞(たくま)しさには、雀や鳩は敵わない。素早く摑み捕らえることで、傷つけ挫くのはいうまでもない。分かるだろう、少なく弱い力が転じて強く荒々しくなり、多くて強い力を打ち破らしめるのは、勢である。強く荒々しい力で鳩や雀を傷つけ挫かしめるのは、節である。この句は上の虚実から続いてきたものであるが、ここに至って、また編制（分数）や指揮命令（形名）などの回りくどい議論はせず、一つの「勢」の文字で済ませている。しかし、それだけでは語勢が弱く、弛緩（しかん）しているように感じられるので、「節」の字をつけているのである。宝蔵院流の十字槍（やり）で、敵の長槍の懐（ふところ）に飛びこむのが勢であり、それでいよいよ槍で一刺しするのが節である。だから、節は勢と別個のものではない。

――戦上手が「勢」を持しているとき、それは険しく深い山のように、測りがたく近づきがたい。しかも、「節」を見ることでは一瞬である。その雷鳴が轟けば、激しい流れや猛禽類のようであって、これを防ぐことのできるものなどあるだろうか。これを、石弓を引き絞るのに譬えれば、『孟子』尽心上第四十一章の「弓を引いてから発するまでに、もう発しているかのようである」。これを石弓の仕掛けを作動させるのに譬えれば、『孟子』滕文公下首章の「勢いのままに矢を発して破るようなものである」。兵学者の言には、「銃陣で両軍が迫って、気合いを充実させ、『孟子』公孫丑（こうそんちゅう）上第二章の『刃を突きつけられてもまばたきせず、皮膚もたわまない』、このようなときに、先に撃った方がまず敗れる。これが常である」という。孫子は、石弓を引き絞って仕掛けを作動させることを「勢」や「節」に譬えているのであるが、見事である。

なお、宝蔵院流槍術といえば塾生の一人・山県有朋(やまがたありとも)であるが、彼は松陰らの『孫子』講読会にも、その後に『孫子評註』をまとめる過程にも参加しておらず、そもそも執筆の時点ではまだ入塾していない。ともあれ、武士の子弟が多かった松下村塾の塾生たちには、宝蔵院の譬えは分かりやすかったのだろうし、講読会でも慣れ親しんだ『孟子』を参照したことで、孫子の言葉の意味するところを感じ取りやすかったのだろう。

「人を選んで勢に任せること」が肝要だが……

《混乱は統制のなかから生じ、怯懦(きょうだ)は勇敢のなかから生じ、弱さは強さのなかから生じる。統制か混乱かは編制の問題である。勇敢か怯懦かは兵勢の問題である。強いか弱いかは軍形の問題である。敵を巧く動かす者は、強さや弱さを示して敵を誘いに乗せ、餌を与えて敵に奪いに来させる。利益で敵を動かし、充実した軍で待ち構える。

だから戦上手は、勢をつくりだすことを求めても、個々の責任は求めない。人物を選んで勢に乗せる。勢に乗せるとは、戦わせるのに、木や石を転がすようなものである。木や石は、平坦な場所では静止しているが、険しい斜面では動く。角張っていれば静止し、丸ければ転がる。上手く人を戦わせる勢とは、丸い石を千仞の山から転がり落とすようなものである。これが勢である》

「強さや弱さを示して敵を誘いに乗せ、餌を与えて敵に奪いに来させる」の部分は、原文では「形之、敵必従之　予之、敵必取之」である。「形する」の意味がとりにくく、松陰は敵に対して「強さや弱さを示す」と解している。彼のこの読みのほかにも、敵が「動かざるをえなくする」とか、こちらが「姿を現して陽動作戦を展開する」といった、いろいろな読解がある。

松陰は、上文の「混乱」とこの篇の最初に出てきた「統制」とがここで交差して、兵勢第五の結びへと収斂していることを指摘する。統制か混乱かが軸であり、それに付け足す形で勇敢と怯懦、強いことと弱いことがとりあげられているとするのである。すなわち、統制か混乱かは編制の善し悪しにより、勇敢か怯懦かは兵勢の得失により、強いか弱いかは指揮命令の成否による。それらはめぐりめぐって編制、指揮命令と兵勢の議論に戻ってきたのである、と。

そこで孫子は、結論的に、戦いのなかで勢をつくりだすことが大事であることを説き、個々人に責任を求めることには意味を見出さない。

松陰はそれを、勢がすでに得られておれば怯懦な者も勇敢になるのだから、それぞれの責任を求める必要はなくなる、と理解する。そのためには、勢に乗せる前段階として、勇敢か怯懦か、どんな才能があるか、などをはっきり区別して整理しておく必要がある、とするのである。

このあたりは、なかなかに微妙である。孫子は、個々の兵士が働かないと見ているわけではない。働いてもらわなければ困るのは、当然である。ただし、個々の兵士に働きを求めない。彼がいっているのは、さまざまな能力を適切な位置に配置することが大事だ、ということである。それでよく勢を生じ、機能するかどうかは、いうなれば将の責任となる。

松陰も、『呉子』料敵第二でいう「軍命堅陣」――戦いに長けた士や指揮に優れた士を抜擢すること――や、『尉繚子』兵教下第二十二でいう「死士力卒」――勇敢な兵士を選んで暴れさせ、旗印を守る兵には不動の働きを求めること――を念頭に置いたうえで、しかもそれは、編制に関する一説でしかないとしている。勇者が奮戦して全軍を引っ張る姿は、確かに思い浮かべやすい。しかし、それは戦いの一部分でしかないし、『孫子』全体の像にはあまりそぐわない。選ぶべき人を選び、乗ずべき勢に乗せるというのは、もっと広く考えるべき議論であって、松陰も「唐の太宗はこの趣旨を妙解している」というように、『李衛公問対』などでは多岐にわたって論じられている。

そして松陰は、孫子が、木や石を転がすという比喩を用いていることに注目する。それは、当時の西洋人が「士卒を器械とする」と述べているのと、理論的には同じことと理解されたのである。

松陰は最後に、「人を戦わせる」とは、人を選んで勢に任せることであるとまとめる。千仞の山から丸い石を転がす譬えは、編制と指揮命令とがきちんとできた戦いの様相を表現したものにほかならない。しかし、彼はそこで嘆じずにはおれなかった。

——天下の石は各地にあるが、丸いものはどれくらいだろうか。丸い石であっても、平らな場所に置かれておれば動かない。幸いにして千仞の山の頭にあって、動けるものであっても、これを転がしてくれる人物は少ない。

人材は限られているが、ましてやその人材が時と所を得て、立派な指導者の下で働ける可能性は、もっと限られてしまっている、と思わずにはおれなかったのであった。

「勢」をマスターする囲碁アプローチ

なお、兵勢第五については、アメリカ陸軍戦略研究所の対中戦略専門家デビッド・ライが二〇〇四年に発表した、「石から学ぶ　中国の戦略概念『勢』をマスターする囲碁アプローチ」が興味深い。若干古い論文であるが、アメリカを代表する国際政治学者の一人であるグレアム・アリソンが『米中戦争前夜　新旧大国を衝突させる歴史の法則と回避のシナリオ』

（邦訳はダイヤモンド社、二〇一七年）で紹介したこともあり、改めて脚光を浴びた。近年では、陸軍大学で囲碁のセミナーが開かれるなどしているという。

ここでのライの問題関心を簡単にまとめれば、アメリカでも戦略に携わる人間ならば、中国は戦略的思考や国際行動において自分たちと異なることを認識しているが、彼我の本質的な相違を理解している者はほとんどいない、ということだった。ライは、囲碁を学ぶことでそれを学べると指摘した。なぜなら囲碁には、中国の哲学・文化・戦略的思考・軍事行動・戦術・外交交渉が映し出されており、囲碁と『孫子』の戦略概念とのあいだには顕著なつながりがあるからである。

そこで彼が特に注目したのが、孫子のいう「勢」という概念であった。つまり、彼の見るところ、勢と同様の様相が、欺瞞（ぎまん）、策略、インテリジェンス、抑止など、『孫子』におけるほかの重要な議論にも見られるのであって、孫子はそれらが勝利に不可欠であると主張している、と。

敵を完全に打ち負かすのではなく、相対的な優位を確立していくというのは、『孫子』全体を通じた戦略的な考え方であって、兵勢第五で戦術・作戦を論じている主旨を超えている。しかし、西洋の兵学思想との巨視的な相違に着目するならば、根底に流れる理ということでは、ライの議論にも意味があるといえよう。囲碁の譬えは、勢の問題を戦略の次元に引き上げる工夫であるが、これに対応させて西洋の文化から取り出すのは、チェスにポーカー、さらにはアメリカンフットボールにボクシングと、数多い。こうして、孫子の勢という抽象概念を比較の視座で捉えるために、ライも、松陰以上に譬え話に労力を費やすことになった。それは、兵勢第五の読解の核心が、この修辞を駆使した概念の微妙な意味合いを、いかに把握するかにあったからだといえる。

ただし、ライは、『孫子』を礼讃(らいさん)しているわけではない。単に、孫子の兵学思想が西洋のそれとは異なっているため、アメリカの戦略家はその相違を理解すべきであると指摘しているだけである。アリソンの姿勢も、これと大差ない。彼は、戦争は物理的な力とともに機知を争うものでもあること、力の行使はほかの手段による外交でしかなく、力の行使にばかり目を奪われると外交の過半を見失うこと、中国のようなアメリカより弱い国やテロリストが、どのような効果的な戦術を持っているかを知る意味があるということ、を教訓としているにすぎない。

アメリカで『孫子』が重視されているというと、なかにはその内容が卓越していることの証拠であると間違う向きもあると思われるので、いわずもがなではあるが書き添える。

『孫子評註』兵勢第五・読み下し文

兵勢第五

勢は是れ形の動、形は是れ勢の静、形に配して軍と曰ひ、勢に配して兵と曰ふ。必ずしも甚しくは拘(かかは)らざれ。但し軍は即ち軍旅、兵は則ち兵を把りて以て戦ふ、亦動静なしとせず。然れども以て戦ふは軍旅に非ずんば得ず、軍旅は、以て戦ふに非ずんば為すことなし。別ちて之れを言へば、浪戦・乱軍の由つて生ずる所なり。故に略ぼ之れを言ふ。

孫子曰く、凡そ衆を治むること、寡を治むるが如くなるは、分数是れなり。

数は是れ度・量・数・称の数なり。下文の「治乱は数なり」も亦是れ是くの如く看よ。分の字自(オ)ら軽し。分てば則ち数あるのみ。曹公、部曲を分と為し、什伍を数と為す。是れ蓋し多少を以て（区）別を為す、亦通ず。

衆を闘はすこと寡を闘はすが如くなるは、形名是れなり。

将に勢を言はんとして、先づ形より説き起す。衆をして棼乱なからしむるものは、唯だ分数なり。衆をして能く奮闘せしむるものは、唯だ形名なり。治と闘と、亦自ら動静と做して看よ。兵家皆言ふ、金鼓旌旗は人を進退分合する所以の具なりと。而して孫子独り闘はしむと言ふ。知るべし、旌旗の形、金鼓の名は、声を仮り勢を借りて、以て奮闘を助くるものにして、甚だ煩難の制度あるに非ざるを。煩難の制度は、皆口舌虜を撃つの為のみ。余幼時ここを読みて之れを得たり。今特に掲ぐ。

三軍の衆、必ず敵を受けて敗るることなからしむべきものは、奇正是れなり。

王晳、「必」を以て「畢」と為せり、是と為す。吾れ率然を以て此の句を解す。妙は必の字に在り。

兵の加はる所、碬を以て卵に投ずるが如くなるは、虚実是れなり。

李筌曰く、「碬は実、卵は虚なり。実を以て虚を撃てば、其の勢易し」と、善く譬喩を解すと謂ふべきのみ。所は、国を指し軍を指し、城を指し地を指す。古書の字例見るべし。張預曰く、「夫れ軍を合し衆を聚むるには、先づ分数を定む。分数明かにして、然る後形名を習はす。形名正しくして、然る後奇正を分つ。奇正審かにして、然る後虚実見るべし。四事の次序ある所以なり」と。吾れ謂へらく、敵を受けて敗るることなきと、碬を以て卵に投ずるとは、自ら動静と為して看ること、亦上の治闘と同じと。蓋し分数ありて、然る後形名あり。二者具はりて、然る後奇正あり。三者備はりて、然る後能く実なり、然る後以て虚を撃つべし。虚実終りに在りて、上の三者と、語勢稍や別なり。三者は専ら形を以て言ひ、虚実は則ち勢を以て言ふ。四事の次序、張預猶ほ粗なり。

凡そ戦ふ者は、正を以て合し、奇を以て勝つ。

四事の中、独り奇正を擢して、反復之れを言ふ。其の実は、三事皆離れ得ず。上の奇正は静に就いて言ひ、ここは動に就いて言ふ。二つの以の字を観よ。

故に善く奇を出す者は、

前後皆奇正を並べ言ひ、ここには単に奇を言ふ。又「出す」を以て言と為す。極めて着落あり。蓋し兵家の務は善く奇を出すに在り。善く奇を出せば、正其の中に在り。或は「兵を出す」に作り、或は闕文と為す、一咲を発すべし。

窮りなきこと天地の如く、竭きざること江海の如し。

海、一に河に作る。滔々として竭きず、河、更に切なるに似たり。

終りて復た始まる、日月是れなり。死して更に生く、四時是れなり。

唯だ奇正之れに似たり。〇「善く奇を出す者」よりここに至るまで、語勢一貫し、以下一転して、「奇正の変、勝げて窮むべからざるなり」に至る。

声は五に過ぎざるも、五声の変、勝げて聴くべからず。色は五に過ぎざるも、五色の変、勝げて観るべからず。味は五に過ぎざるも、五味の変、勝げて嘗むべからず。戦勢は奇正に過ぎざるも、奇正の変、勝げて窮むべからざるなり。奇正の相生ずること、循環の端なきが如し。孰れか能く之れを窮めんや。」

奇正相生ずとは、是れ衆人の観る所、其の実は善く奇を出すに在るかな。ここに再び「窮」を照せり。〇「凡そ戦ふ」よりここに至るまで一段なり。只だ是れ首句を鋪暢し、游衍して勢を養ふ。鷙鳥の翼を戢むるが如く、猛獣の形を伏するが如し。亦文法、亦兵法。

激水の疾き、石を漂はすに至るものは勢なり。鷙鳥の疾き、毀折に至るものは節なり。

水の至つて柔なると、石の剛にして且つ重きと、敵する所に非ざるが如し。然も其の激するの疾き、石を漂はすに至る。況や鷙鳥の悍き、叢爵・林鳩に於ては、則ち其の敵に非ず。其の迅速攫搏、何ぞ毀折の言ふに足らんや。知るべし、寡弱の転じて勁悍となりて、以て衆強を破砕すべきものは勢なるを。勁悍の用ひて以て鳩爵を毀折すべきものは節なるを。此の句、上の虚実より按じ来る。然れどもここに至りて、復た分数形名、迂闊の議論に暇あらず、唯だ是れ一つの勢の字なり。一つの勢の字、猶ほ其の懦緩なるを覚ゆ。乃ち節の字を著く。宝蔵院の十字槍、直ちに長槍に欄入するものは勢なり。場極まり局促りて、一鏦敵を殺すものは節なり。故に節は勢の外に非ず。

故に善く戦ふ者は、其の勢険にして、其の節短なり。

上には則ち汎言し、今は則ち「善く戦ふ者」出づ。其の運用何如を視よ。

勢は弩を彍るが如く、節は機を発つが如し。

善く戦ふ者の其の勢を持するや、陰険深峻、測るべからず、近づくべからず。而も其の節を瞰るは則ち近し。故に其の霹靂一震するや、激水鷙鳥、孰れか能く之れを禦がん。これを弩を彍るに譬ふれば、引きて発たず、躍如たり。これを機を発つに譬ふれば、矢を発ちて破るが如し。兵家言ふ、「銃陣に両軍相迫り、気を幷せ力を積み、目逃がず、膚撓まず、此の時に当り、先づ発する者先づ敗る。是れ其の常なり」と。孫子、弩を彍り機を発つを以て、勢・節に譬ふ。神なるかな。

紛々紜々、闘ひ乱れて乱るべからず。渾々沌々、形円にして敗るべからず。」

是れ分数形名の極なり。衆人は徒だ其の紛紜を見る。然れども其の闘乱の甚しきも、孰れか能く之れを乱らん。其の機を収めて静かなるの処に至りては、渾々沌々、円満の形、復た孰れか之を敗らん。闘と云ひ形と云ふは、亦動と静とに分ちて看よ。○此の段、戦勢奇正の窮りなきを見得す。

乱は治に生じ、怯は勇に生じ、弱は強に生ず。

乱は上の闘乱を承け、治は下の治乱を起す。○闘乱は乱を示せども、真の乱に非ず、乃ち治の極のみ。治は遙かに篇首の分数形名に応ず。勇怯強弱は只だ是れ陪説なり。

治乱は数なり。勇怯は勢なり。強弱は形なり。

治と乱とは、分数の善悪に在り。勇と怯とは、兵勢の得失に在り。強と弱とは、形名の正否に在り。是れ分数形名及び兵勢に廻繳す。形も亦軍形の形にして、他物に非ず。上文層々転折す、ここに至りて方に着落あり。

故に善く敵を動かす者は、之れに形して敵必ず之れに従ひ、之れに予へて敵必ず之れを取る。

之れに形すとは、仮に強弱の形を設けて、以て敵に示すなり。之れを予ふるの句、亦陪説なり。

利を以て之れを動かし、

利は即ち上の「之れに形し」、「之れに予ふる」、是れなり。

本を以て之れを待つ。」

本は即ち数なり、勢なり、形なり。

故に善く戦ふ者は、之れを勢に求めて、之れを人に責めず。

勢已に得ば、怯なる者も以て勇なるべし、尚ほ何ぞ人を之れ責めんや。

故に善く人を択びて、而して勢に任(まか)す。

人を択ぶとは、勇怯材否を甄別(けんべつ)して、其の勢力を斉一にするなり。呉子の所謂軍命堅陣、尉(うつ)子(し)の所謂死士力卒にして、分数中の一説なり。勢に任すとは、択ぶ所の人を以て、乗ずべきの勢に附するなり。唐の太宗此の趣を妙解せり。

勢に任(まか)する者は、其の人を戦はすや、木石を転ずるが如し。

惟だ木石なり、故に以て転ずべし。若し崩沙の地に散じ、柴薪の束ねざるがごとくならしめば、亦安（いづく）んぞ之れを転ぜんや。西洋人云ふ、「兵家は卒を以て器械と為す」と。此の言之れを得たり。

木石の性、安ければ則ち静かに、危ければ則ち動き、方なれば則ち止まり、円なれば則ち行く。

安危は地を以て言ふ。方円は木石を以て言ふ。

故に善く人を戦はすの勢、円石を千仞の山に転ずるが如きものは、勢なり。

人を戦はすとは、人を択びて勢に任すを言ふなり。円石は性善く転ず、況や人の之れを千仞至危の山に転ずるあるをや。以て分数形名の兵に喩ふ。之れを分つに奇正を以てし、之れを運（めぐら）すに虚実を以てすれば、激水鷙鳥、彍弩発機、孰れか能く之れを禦がん。是れ所謂勢なり。石、山に転ず、全篇を括尽し、仍（な）ほ勢の字を以て之れを結ぶ。文も亦鬆（しょう）ならず。嗚呼、夫れ天下の石、随処皆あり、其の円なるもの幾許（いくばく）ぞや。已に円なるも、安きにあれば則ち行くべからず。幸に千仞の山頭に在りて、行くべきが如くなるも、而も之れを転ずる者鮮（すくな）し。

虚実第六

「敵の実を避けて虚を撃つ」

いかにして主導性を発揮するか

虚実第六で論じられるのは、いかにして主導性を発揮するか、という問題である。孫子は篇頭、そのことを「人を致して人に致されず（敵を我が意のままにし、敵に彼が意のままにされることはない）」の名高い一句で表している。

こちらの強い部分（＝実）で敵の弱い部分（＝虚）を攻撃すれば、勝利の可能性は上がる。また、敵の強い部分でこちらの弱い部分を攻撃されないようにすれば、敗北の可能性は下がる。しかし、これはあまりにも当然のことであるため、敵もこちらと同じように、敵の強い部分を用いてこちらの弱い部分を攻撃しようとするから、そう簡単にはいかない。

そこで重要になるのが、戦いの主導権を握ることである、ということになる。のみならず、そうであるならば、主導権をとれば、敵の強い部分は弱い部分同然となり、こちらの弱い部分は強い部分同然ともなる、とさらに展開していくのが『孫子』の論理なのである。

最初に松陰は、「虚実」という篇名が、兵勢第五の「攻撃する敵に対して、硬い砥石を柔らかい卵にぶつけるかのようにできるのは、虚実による」に基づくものであることを指摘する。つまり、ここでは虚は卵であり、実とは砥石にほかならない。

また、軍形第四・兵勢第五・虚実第六のつながりも、再三になるが、確認される。彼は、実というのは抽象的な概念であるが、我という具体的な存在において形を成す、という。我、すなわち味方の軍は、軍形第四でいう土地の広さ（＝度）、物資の生産量（＝量）、人口（＝数）、戦力の強弱（＝称）や、兵勢第五でいう編制（＝分数）、指揮命令（＝形名）といった要素から実を生ずるのであり、それで敵の虚を撃つときに勢を為す、ということなのである。

松陰は、だから形と勢とを合わせて虚実を為すとしている。繰り返される抽象論だが、さすがに三度目ともなると、一読で筋道が諒解できるのではないだろうか。

《戦地（戦うべき地、戦って勝利を決する地）に先に陣取って、敵を迎え撃つ者には余裕がある。後から陣取って、戦いへ向かう者は苦労する。だから、戦上手は敵を我が意のままにし、敵に彼が意のままにされることはない。敵が進んでこちらの予定通りの場所に来るのは、利を示すからである。敵がこちらの予定に反して来ることができないようにするのは、害を示すからである。敵に余裕があっても疲労させれば良いし、満腹であっても食糧を奪えば良いし、備えが万全でもそこから移動させれば良い。

　敵が駆けつけざるをえないところへ進撃し、敵が思いも寄らないところへ急進する。千里行っても疲労しないのは、敵がいない場所を行くからである。攻めて必ず攻略できるのは、敵が守れていないところを攻めるからである。守れば必ず固守できるのは、敵が攻めきれないところを守るからである。上手く攻めれば、敵はどこを守って良いか分からないし、上手く守れば、敵はどこを攻めて良いか分からない。姿も見えず音も聞こえず、敵の生殺与奪の権を得るのである》

『孫子』の本文、武経本でも十家註本でも「敵が駆けつけられないところへ進撃し、敵が思いも寄らないところへ急進する」（原文では「出其所不趨、趨其所不意」）とある部分を、松陰は「敵が駆けつけざるをえないところへ進撃し、敵が思いも寄らないところへ急進する」（原文では「出其所必趨、趨其所不意」）とする。

　山鹿素行（やまがそこう）の『孫子諺義（げんぎ）』では前者をとっており、物理的あるいは心理的に相手の裏をかく意味で捉えている。それに対して後者は、前述した清の考証学者・孫星衍が、諸家の註釈を考えると「不趨」は誤りであるとして、修正したもの。荻生徂徠の『孫子国字解』はこちらに従い、敵を一方に引きつけておいて他方を攻める陽動作戦として理解している。

松陰は、どちらも理が通っているが、ここまでの文章（「敵が進んで」〜「移動させれば良い」）が敵に対する働きかけを論じ、この後の文章（「千里行っても」〜「どこを攻めて良いか分からない」）が敵の意図をかわすことを論じていることに着目する。それゆえ、この二つのあいだを「敵が駆けつけざるをえないところへ進撃し、敵が思いも寄らないところへ急進する」と、働きかけからかわすことへと転じるこの一文でつなぐ巧みさを尊重して、山鹿流兵学の祖である素行の読みをあえてとらなかった。

「捨てるべきは捨て、採るべきは採る」松陰の読み方

ともあれ、戦うべき地を敵に先んじて占拠することは、「兵学者の要訣である。実に孫武の卓識である」と松陰は指摘する。

ここで重要なのは、素行も徂徠も松陰も、戦うべき地は一定不変のものではなく、自軍の

いる場所をそれと捉えていることである。九地第十一にあるように、味方にとって不利に見える場所が有利に働くこともあれば、有利なはずの場所で不利になることもある。戦うべき地がどこかは、あらかじめ定まっているわけではなく、彼我の駆け引きによって決まるというわけである。

だから、戦いで勝つということを総合的に捉えれば、自軍の陣取る場所が戦うべき地となるように、その戦いを総合的につくりあげていかなければならない、ということになる。このことは、古今東西の戦いの歴史をそう思ってひもとけば、一目瞭然といえよう。

だからこそ、「戦上手は敵を我が意のままにし、敵に彼が意のままにされることはない」ということが大事になってくる。

ただし松陰は、唐の太宗（李世民）がこの言葉をたびたびとりあげたために兵学者の教訓のようになってしまったが、実のところ中身がないと指摘する。つまり、太宗は自ら得るところがあったので、この言葉を仮に用いてそれを表現しただけであって、なにゆえに「敵を我が意のままにし」、なにゆえに「彼が意のままにされることはない」のかを考えないと無意味なのだから、これだけを教訓にすることなどないのだと。

今日でもそうだが、『孫子』を「聖典」扱いする論者は、しばしば片言隻語（へんげんせきご）を文脈から切り離してとりあげ、原義から離れて無闇に高く評価するきらいがある。しかし、松陰はそうした姿勢はとらなかった。『孫子』に書いてあることであれ、素行の解釈であれ唐の太宗の言葉であれ、捨てるべきは捨て、採るべきは採る。

また松陰は、「攻めて必ず攻略できるのは、敵が守れていないところを攻めるからである。守れば必ず固守できるのは、敵が攻めきれないところを守るからである」という一見すると怪しげ（特に後半）な二句について、次のように明快に註釈している。――これらはあたかも奇であるかのようだが、その実は正である。敵の守らないところではない（＝守っているところ）ならば、こちらはあえて攻めはしない。こちらが素早く行って攻めているから、敵は守りを固める時間もないし、我（の守っていないところ）を攻める暇もできない。だから、我の守るところは相手の攻めないところとなるのである、と。

なお、松陰は、「姿も見えず音も聞こえず」についても、無闇な憶測を斥ける。これは原文では「微乎微乎、至於無形、神乎神乎、至於無聲」。普通に読み下せば、「微なるかな微なるかな、無形に至る。神なるかな神なるかな、無声に至る」と、いかにも神秘的な調子になる箇所である。しかし、味方の軍形がすでに整って実となり、戦うべき地に敵より先にいるから、その勢がおのずとそのようになることを描写しているだけであって、ことさらに珍奇なことをいっているわけではない、というのである。

こちらの為すことが常に敵の意想外に出ておれば良い

《こちらが進軍しても敵が防御できないのは、敵の隙を衝いているからである。こちらが退却しても敵が追撃できないのは、速やかで敵が追いつけないからである。こちらが戦おうとすれば、敵が土塁を高くし濠を深くして守りを固めていても、戦わざるをえなくなる。それには、敵が必ず救援に来るところを攻めれば良い。こちらが戦いたくなければ、地面に区切りを描くだけの守りでも、敵は戦うことができない。それには、敵が予測しているのとは異なる行動に出れば良い。

敵の態勢ははっきりさせながら、こちらの態勢をはっきりさせないようにすれば、こちらは集中できるが、敵は分散する。こちらが集中して一つになり、敵が十に分散すると、十でその一を攻めることになり、こちらは多く、敵は少なくなる。多い人数で少ない人数を攻撃すれば、戦わなければならない正面の相手を限定することができる。こちらと戦うことになる場所が敵には分からないから、敵が備えなければならない場所は多くなり、その分、こちらと戦う人数は少なくなるのである。

だから敵は、前方に備えると後方が手薄になり、後方に備えると前方が手薄になり、左方に備えると右方が手薄になり、右方に備えると左方が手薄になり、あらゆることに備えれば、あらゆることが手薄になる。劣勢になるのはこちらが受身で敵に備えるからであり、優勢になるのは敵を受身にしてこちらに備えさせるからである。

それゆえ、戦うべき地が分かり、戦うべきときが分かれば、千里の彼方であっても会戦すれば良い。逆に戦うべき地が分からず、戦うべきときも分からなければ、左軍は右軍すら救援できず、右軍は左軍すら救援できず、前軍は後軍すら救援できず、後軍は前軍すら救援できない。ましてや遠く数十里、近くとも数里の友軍なら、なおさらである》

松陰はここでも、孫子の文章術の巧みさについて論じている。「こちらが進軍しても敵が防御できないのは、敵の隙を衝いているからである。こちらが退却しても敵が追撃できないのは、速やかで敵が追いつけないからである」のくだりは、一文目で敵の隙をいいながらこちらの速さには触れず、二文目でこちらの速さをいいながら敵の隙には触れていない。これは互文（一方に説くことが他方にも通じて、相補って意を完全にする書き方）という文章技法であり、敵の隙と、こちらの速さとの関係を、端的に示している。もしそうではなく、敵に隙があってもこちらの動きが遅ければ、やがて隙はなくなってしまう。こちらがどんなに速くとも敵に隙がなければ、速いことは遅いことと変わらない。速くても、卵が速い場合と砥石が速い場合とでは意味が違う、というわけである。

同様にして、「地面に区切りを描くだけの守り」には効果がないようだが、こちらの為すことが常に敵の意想外に出ておれば良いということだと、松陰は説明する（一方、「敵が予測しているのとは異なる行動に出れば良い」の原文は「乖其所之也」であるが、「敵の目標をそらしてしまえば良い」とする訳もある）。地面に一本線を引くだけで敵が秘かにこれを疑い恐れれば、こちらと戦うことなどできないし、逆にそうでないならば、要害を設けて堅く守ったところで、欲さぬ戦いを避けることはできないのである。

結局、虚か実かといっても、自軍の態勢が敵の知るところとなっているか否か、敵軍の態勢がこちらの知るところとなっているか否かが大きい、ということになろう。

松陰は、「あらゆることに備えれば、あらゆることが手薄になる」の一文に対して、「現状は、これそのものではないであろうか。私はいうにしのびない」と深く嘆息せずにはおれなかった。彼は、一八四九年に長州藩から海防について諮問を受け、「水陸戦略」を上書した際にも、『孫子』のこの一文を引用している。しかし、そのときの問題は、中国地方の沿岸部の守りをいかに構築するかに留まっていた。そもそも幕末日本の防衛体制は決して充分なものではなかったが、その後、日本全国の防備の実態を調べ、黒船来航の衝撃を経た松陰が理解したのは、外敵たりうる西洋列強のことが分からないために、日本全国津々浦々の防備が手薄になってしまっているということだったのである。

伍子胥や高熲の策を西洋列強が行っている

《私の考えでは、越人の兵がいかに多くとも、彼らの勝利を決定づけるものではない。だからいう、勝利はつくりだすものである。敵がいかに多くとも、戦えないようにすれば良い。そこで、あらかじめ彼我の得失を計算し、敵を刺激して出方を探り、こちらの様子を見せて敵の急所を把握し、威力偵察で敵軍内の長短を知るのである。

だから、戦う態勢の極みは、無形である。無形であれば深く入りこんだ間者も探り出すことができないし、智謀の敵も対応できない。敵の態勢に応じて勝利してみせるのであるから、人々には本当のところは解しえない。人々は私が勝利した態勢を知るだけで、どのようにして勝利の態勢になったのかは知ることがない。同じ勝ち方を繰り返すことなく、敵の態勢に応じて極まりがない》

越は、孫武が仕えた呉にとって宿敵となる国。ただし、越の国が強大になるのは孫武が活躍した後の時代ことであるから、「越人の兵がいかに多くとも」のくだりは、孫武の門弟などの作ではないかといわれる。

大軍相手でも勝利をつくりだせるという孫子の議論を説明するのに、松陰は、伍子胥(ごししょ)や高頴(こうけい)の事例を挙げる。

伍子胥は春秋時代の呉の将で、孫武を呉王・闔閭（こうりょ）に推挙したその人である。松陰は、『春秋左氏伝』の昭公三十年（紀元前五一二年）から、彼の献策を参照している。それは、当時大国であった楚へと本格的に侵攻する前に、三つに分けた呉軍を何年にもわたって、入れ代わり立ち代わり侵入させるという戦術であった。対処するために翻弄された楚は疲弊し、その後、伍子胥や孫武が率いる呉の遠征軍に大敗することになる。

高熲は隋の宰相。彼もまた、隋が南の陳を攻め滅ぼして天下を統一するに先立って、陳の収穫期に攻撃するふりを毎年繰り返すことで、疲弊させるとともに次第に油断を誘う策をとっている（『資治通鑑（しじつがん）』第百七十六巻　陳紀）。

松陰は、目下、こうした策を西洋列強の方が行っていると焦慮している。列強は軍艦を近海に出没させ、対応に奔走させ続けることで、日本をじわじわと追いこんでいるというわけであった。

大切なのは敵に応じて変化すること

虚実第六のなかでも、「人々は私が勝利した態勢を知るだけで、どのようにして勝利の態勢になったのかは知ることがない」の一句は、特に理解しにくい箇所であるかも知れない。松陰は、最終的な勝利の態勢は、攻めたり守ったり、近かったり遠かったり、歩兵を用いたり騎兵を用いたり、多かったり少なかったり、人々がみな知っていることであると指摘している。しかし、そうして勝利に至るまでの駆け引きの如何は、表には出ないし、歴史には残りにくい。

徂徠も、漢建国の名将・韓信（かんしん）を例に、なぜあるときには嚢沙（のうしゃ）の計を用い、また別のときには背水の陣を用いたのかは人々には分からないと述べている。同じく河の傍（そば）で戦ったのに、韓信は、紀元前二〇四年の井陘（せいけい）の戦いの折には、綿蔓水（めんまんすい）を背に背水の陣を布いて退路を断ち、奮戦することで趙（ちょう）の大軍を釘づけにしておいて、別動隊に城を攻略させた。その一方、紀元前二〇三年の濰水（いすい）の戦いの折には、後退して斉（せい）・楚連合軍が河を半ば渡るところまで引きこむと、上流で濰水を堰（せ）きとめていた嚢沙（砂袋）を外して一気に放流。敵を分断して撃破している。いずれにおいても、韓信は相手を我が意のままに動かしたわけであるが、二つの戦い方は確かに違っている。

松陰はさらに、諸葛亮による二二五年の七縦七獲（しちしょうしちかく）（七縦七擒（しちきん））の事例を加える。この一連の戦いで、諸葛亮は孟獲(もうかく)を七度戦闘で打ち負かし、七度捕らえ、七度解き放った。七度目に自由の身になったとき、孟獲はついに心服し、帰順を誓ったといわれる。

この場合、一見すると同じようなことを繰り返しているわけだが、同じことを繰り返すのは、「同じことを繰り返さない」ということを繰り返さないことでもあろう。松陰は、なお一等高い事例であると讃えている。軍形第四でもそうであったが、諸葛亮に対する彼の評価は高すぎるほどである。いずれにせよ、固定したやり方をとらず、敵の態勢に応じて柔軟に対応するから、極まりないのだと論ずるのである。

《戦いの在り方は水のようなものである。水の在り方は高い場所を避けて低い場所へ向かうが、戦いの在り方は敵の実を避けて虚を撃つ。水は地形に応じて流れ方を変えるが、戦いは敵の態勢に応じて勝ち方を変える。そのように、戦いには決まった勢がなく、水には決まった形がない。敵の態勢の変化に対応して勝利できるのが、絶妙である。

水・火・木・金・土の五行で勝ち続けるものはないし、春・夏・秋・冬の四季でそのままのものもない。日は短くなったり長くなったりするし、月は欠けたり満ちたりする》

最後に、軍形第四・兵勢第五・虚実第六を通じて出てくる水の譬えで、本篇は締めくくられている。実のところ、虚実第六で虚と実の関係が示されるのは、末尾近くで水に譬えたこの一箇所でしかない。しかし松陰は、「ここはただ虚実というものを深く感心して褒めているだけのことで、別に新たなことなどいっていない」と、にべもない。大切なのは、敵に応じて変化することであり、こちらには決まった態勢がなく、敵がこちらの態勢を知ることもできないことである。――思うに、戦いには常の勢はなく、実を避けて虚を撃ち、敵に応じて変化して勝利を得るだけのことである、と。

『孫子評註』虚実第六・読み下し文

虚実第六

虚実の二字、上篇に原(もとづ)きて来る。虚は卵、実は碬、其の喩已に明かなり。但し其の実、我れに在りて形を為す。度量数称、分数形名、其の物に非ざるはなし。此の実を以て彼の虚を撃つ、勢を為す所以なり。故に形勢を合せて虚実と為す。

孫子曰く、凡そ先づ戦地に処りて敵を待つ者は佚す。

先づ戦地を占拠するは、兵家の要訣。孫武卓識なり、故に曰く、「深く入れば則ち専らにして、主人克たず」と。又曰く、「散地には則ち戦ふなかれ」と。此の句を解せざれば、通篇朦朧たるのみ。戦地は定まることなし、唯だ吾が処る所なり。

後に戦地に処りて戦に趨く者は労す。

是れ上の句の反なり。其の戦地は則ち唯だ敵の処る所なり。

故に善く戦ふ者は、人を致して人に致されず。

上の二句は汎言す。ここには「善く戦ふ者」を点す。善く戦ふ者は、即ち上の佚する者なり。唐の太宗極めて此の言を称してより、此の言遂に兵家の要訓となる。殊に知らず、太宗自ら得る所ありて、此の言を仮りて以て之れを発したるを。而して何を以て人を致し、何を以て致されざるかは、上の句に原き来らざれば、遂に是れ空言なり。空言豈に訓とすべけんや。

能く敵人をして自ら至らしむるものは、之れを利すればなり。能く敵人をして至るを得ざらしむるものは、之れを害すればなり。

二句、上は人を致すに貼し、下は人に致されずに貼す。然れども竟に是れ人を致すの一辺を重しとす。ここ下の三句を連ねて、旧説尽せり。

故に敵佚すれば能く之れを労し、

上文皆我が佚を言ふ。我れ佚すれば敵も亦佚す。何の虚か之れあらんや。故にここに此の句を下す。佚の字は篇首の一句より来る。下二句は是れ陪説。古人善く陪説を用ふ。文故に板直ならずして、捉摸し難し。若し乃ち何を以て之れを労し飢し動かすかと謂はば、亦唯だ先づ戦地に処るのみ。

飽けば能く之れを飢し、

張預は「客を変じて主と為す」を引けり。事を解すと謂ふべきのみ。「糧を敵に因る」は是れ其の義なり。

安んずれば能く之れを動かす。其の必ず趨く所に出で、其の意（おも）はざる所に趨く。

「必ず趨く」は、或は「趨かざる」に作る。並びに理あり。但し「必ず趨く」は上を結び、「意はざる」は下の句を起す。文法は則ち巧なり。吾れ暫く之れを取る。

千里を行きて労せざるは、人なきの地を行けばなり。

千里の字、起句を照す。宜しく意を注ぐべし。

攻めて必ず取るは、其の守らざる所を攻むればなり。守りて必ず固きは、其の攻めざる所を守ればなり。

二句、奇に似て実は正なり。蓋し守らざる所に非ざれば、吾れ敢へて攻めず。吾れ已に往きて之れを攻むれば、彼れ自ら之れを守るに暇あらず、安んぞ能く吾れを攻めんや。故に吾が守る所は、則ち人の攻めざる所なり。

故に善く攻むる者は、敵其の守る所を知らず。善く守る者は、敵其の攻むる所を知らず。

二句、特だ上の二句を反復するのみ。

微なるかな微なるかな、無形に至る。神なるかな神なるかな、無声に至る。故に能く敵の司命となる。」

我が形已に実にして、又先づ戦地に処る。其の勢自然に斯くの如し。奇特の想を為すことなかれ。能く敵の司命となるの句、一段を収束す。

進みて禦ぐべからざるものは、其の虚を衝けばなり。退きて追ふべからざるものは、速かにして及ぶべからざればなり。

将に「我れ専らにして敵分る」と言はんとして、上段の議論を反復して、数句を造作す、終に篇首の一句を出でず。其の虚を衝くとは、是れ敵の虚なり。是の時我が速を言はず。速かにして及ぶべからずとは、是れ我れ速かなるなり。是の時敵の虚を言はず。是れ互文のみ。然らざれば、敵虚なるも而も我れ遅ければ、虚、将に変じて実とならんとす。我れ速かなるも而も敵実ならば、速、将に変じて遅とならんとす。但し速と云ふに二情あり、卵と碬との謂なり。

故に我れ戦はんと欲せば、敵、塁を高くし溝を深くすと雖も、我れと戦はざるを得ざるものは、其の必ず救ふ所を攻むればなり。我れ戦ふを欲せずんば、地を画して之れを守ると雖も、敵、我れと戦ふを得ざるものは、其の之く所に乖けばなり。

攻むる者の勢、毎々斯くの如し。其の之く所に乖くとは、我れの為す所、著々敵の意外に出づるなり。我れ地を画すと雖も、敵隠然已に之れを憚る。寧んぞ我れと戦ふを得んや。若し猶ほ未だならば、則ち塁を高くし溝を深くするも、反つて欲せざるの戦ひを免かるる能はず。盍ぞ其の本に反らざる。

故に人に形して我れに形なければ、則ち我れ専らにして敵分る。「人に形す」と、「形なき」とを以て上を結び、「我れ専ら」と「敵分る」とを以て下を起す。

文章岐路の処なり。

我れ専らにして一となり、敵分れて十となる。是れ十を以て其の一を攻むるなり。是の字を以て斡旋し、忽ち一と十とを倒まにして之れを用ふ。

則ち我れ衆にして、敵、寡なり。能く衆を以て寡を撃てば、則ち吾れの与に戦ふ所のもの約なり。

太史公の文、逆を貴ぶ。而して孫子の文、順を貴ぶ。専分の数語、及び軍形攻守の数語の如き皆然り。円転自在にして語は則ち順なり。

吾れの与に戦ふ所の地、知るべからず。

戦ふの地は、即ち篇首の戦地なり。曰く、「我れに形なし」、曰く、「知るべからず」、故らに怪々奇々を為すに非ず。唯だ其の先づ処るの一着、我れに形なからしめて、敵をして知る能はざらしむ。然れども其の実は、我れ実に形なくして、知るべからざるものありて存す。説は下文に見えたり。

知るべからずんば、則ち敵の備ふる所のもの多し。敵の備ふる所のもの多ければ、則ち吾が与に戦ふ所のもの寡し。

「約矣」、「寡矣」は是れ章法なり。

故に前に備ふれば則ち後寡く、後に備ふれば則ち前寡し。左に備ふれば則ち右寡く、右に備ふれば則ち左寡し。備へざる所なければ、則ち寡からざる所なし。

目今の事、其れ然らざらんや。噫、吾れ言ふに忍びず。

寡きものは、人に備ふるものなり。衆きものは、人をして己れに備へしむるものなり。

上面は皆「備へしむ」と言ふ。忽ち「故に前に備ふれば則ち後寡し」の数句を補ひ出して、「人に備ふ」と言ひ、以て双収に便す。長短詳略、並びに其の宜しきを得たり。

故に戦の地を知り、戦の日を知れば、則ち千里にして会戦すべし。

是れ備へしむるものなり。戦の地は上文を承く。戦の日は是れ陪説なり。復た千里の字を点す。戦の地と日と、皆吾が方寸に在り、何の知らざることかあらん。千里の会戦、何を以て疑ひと為さん。

戦の地を知らず、戦の日を知らずんば、則ち左、右を救ふ能はず、右、左を救ふ能はず、前、後を救ふ能はず、後、前を救ふ能はず。而るを況や遠きものは数十里、近きものも数里なるをや。」

是れ人に備ふるものなり。杜佑此の句に註して曰く、「敵已に先づ形勢の地に拠る」と。是れ粗ぼ文意を解するに似たり。但し未だ全く「備へしむ」と「人に備ふ」との二意、皆篇首の二句より出づるを知らず。惜しむべきのみ。重ねて「備へしむ」と「人に備ふ」とを言ひて、一段の結尾と為す。

吾れを以て之れを度るに、越人の兵多しと雖も、亦爰ぞ勝に益あらんや。

吾れとは孫子自ら吾れとするなり。猶ほ始計篇の吾れのごとし。其の越人と称するは、旧説に曰く、「呉王の為めに論ずるなり」と。「吾れを以て之れを度る」を以て、本意の議論を起し、越人を罵倒して以て主聴を聳かす。

故に曰く、勝は為すべきなり。敵衆しと雖も、闘ふことなからしむべし。

又大言を為して、其の聴を聳かす。

故に之れを策りて得失の計を知り、

計の得失なり。計は始計の計と做して看よ、方に着落あり。

之れを作して動静の理を知り、

作は為なりと。作は激作するなりと。両つながら可なり。動には動の理あり、静には静の理あり。

之れに形して死生の地を知り、

之れに形すとは、人に形するなり。上篇の之れに形すと与に、孫子の常言なり。何如ぞ註家其の説を二三にするや。彼我各〻死地生地あり。然れどもここは敵を主として言ふなり。

之れに角して、有余不足の処を知る。

角は殻の通なりと、又掎角なりと。両つながら可なり。角量は不可なり。此の四句、篇首の一句と照す。前後の大言、皆ここに湊匯す。之れを策るは、所謂廟算にして、最も其の先に在り。「作す」と「形す」と「角す」とは、我れに在りては擬議たり、彼れに在りては変化たり。亟〻肆ねて以て之れを疲らし、多方以て之れを誤らしめ、声言掩襲して、其の農時を廃せしむ。彼れ既に兵を聚め、我れは便ち甲を解く。伍員・高頴、昔嘗て之れを用ひ、今は則ち洋賊の用となる。

故に兵を形するの極は、形無きに至る。形無ければ則ち深間も窺ふ能はず、知者も謀る能はず。

擬議の際、何ぞ曽て形あらんや。深間・知者も窺ひ謀ること能はざる所以なり。

形に因りて勝を衆に錯くも、衆知ること能はず。

形は是れ「兵を形する」の形にして、本と是れ虚形なり。則ち虚形なりと雖も、釁を観れば即ち乗ず。形乃ち因るべきなり。勝を衆に錯くとは、勝を以て衆に加ふるなり。

人皆我が勝つ所以の形を知る。而も吾が勝を制する所以の形を知るものなし。

勝つ所以の形は、或は攻め或は守り、或は近く或は遠く、歩騎の如き衆寡の如き、人々皆之れを知る。但だ其の勝を制する所以は、則ち擬議の際に在り、孰れか能く預り聞かんや。

故に其の戦勝つて復びせず、形に無窮に応ず。」

復びせずとは、故態に執せざるなり。前の法に循はざるは固よりなり。然れども亦武侯の七縦七獲の如きあり、更に高きこと一等なるに似たり。先づ虚形を設け、随ふに実事を以てす、是れを形に応ずと謂ふ。形に応ずるや窮りなし。以上一段。

夫れ兵の形は水に象る。水の形は高きを避けて下きに趨く。兵の形は実を避けて虚を撃つ。

ここに至りて方に始めて虚実の字を下す。

故に水は地に因りて流を制し、兵は敵に因りて勝を制す。故に兵に常勢なく、水に常形なし。能く敵に因りて変化して勝を取るもの、之れを神と謂ふ。

敵に因りて変化す。ここを以て我れに形なくして知るべからず。

故に五行に常勝なく、四時に常位なく、日に長短あり、月に死生あり。

「兵に常勢なし」の句、已に水に常形なきを以て之れを明かにし、更に此の四句を以て之れに陪す。行・常・長・生、語中に韻あり。「夫れ兵の形は水に象る」以下の末段は、只だ虚実を賛嘆す、他の奇説あることなし。謂へらく、兵に常勢なし、実を避けて虚を撃ち、敵に因りて変化して勝を取るのみ。然れども先づ戦地に処ると、策・作・形・角と、亦皆此れに外ならず。末段たる所以なり。

軍争第七

「後に出発して、先に到着する」

いかにして有利な態勢をとるか

軍争第七では、敵味方が相対し、勝利を争う局面について論じられている。軍を動かしていかにして有利な態勢をとるかが前半の主題である。それに続けて後半では、軍勢の士気について詳論する。有利な態勢をとるのも、士気の変化も、人の心や情報の問題であるから、続く九変第八、行軍第九へと、徐々に心理情報戦が浮上していくといえよう。

ただし、本篇は内容的にまとまりを欠くように読める部分も多く、錯簡とも見える箇所があり、異説も多い。松陰の説明とは違う解釈も充分に可能である。

《用兵の法則では、将が君主の命を受けて、兵士を集めて軍を編制し、敵と対陣するのに、いかにして有利な態勢をとるかほど、難しいものはないものである。なぜ難しいかといえば、迂（遠まわりの道）を直（近道）に変え、難を利に変えるからである。わざとまわり道をし、敵を利で誘い出すことで、相手より後に出発しても、先に到着することができる。これが「迂直（うちょく）の計」を知るということである》

軍争第七の始まり方は、ほかの篇に比して、多少のことながら回りくどい。松陰は冒頭、「いかにして有利な態勢をとるか」という本題にただちに入ることなく、「将が君主の命を受けて、兵士を集めて軍を編制し、敵と対陣するのに」と、不必要にくどくどと字数が費やされていることに目を向ける。そして、そのようにいかにも丁重に論を進めているのは、孫子が、いったん敵と争うとなればその後の混乱が尽きないことをよくよく考えたためであった、と読み取るのである。

しかしその「いかにして有利な態勢をとるか」の難しさは、「迂直の計」を知るという一句で解かれている。「迂直の計」とは何か。敵軍にはまわり道であったり難であったりするものを、自軍には近道であったり利であったりに変えることであり、だから当然難しい。

松陰はその例として、一一八四年の一ノ谷の戦い、一五四六年の河越城の戦い、一一五年の陰平（いんぺい）の戦い、紀元前三四一年の馬陵（ばりょう）の戦いの四つを挙げる。

一ノ谷の戦いは、源義経のいわゆる鵯越逆落とし（ひよどりごえさかおとし）で名高い一戦である。主力軍同士が真っ向ぶつかり合って激戦を繰り広げるところを、少数の騎馬隊を率いた義経が絶壁を駆け下り、思わぬ方向から奇襲攻撃を仕掛けることで平家方を混乱に陥れて、源氏を勝利に導いた。一種のまわり道であり難である絶壁が、近道となり利となったわけである。

河越城の戦いでは、城を攻める足利晴氏や上杉憲政らの大軍を、救援に来た劣勢の北条氏康が破った。このときは、長期対陣に飽いた敵軍に対して、氏康がむしろ撤退してみせることで油断を誘い、そのうえで夜襲によって決着をつけたといわれる。

陰平の戦いの場合、後漢の虞詡は、兵士が食事をとる竈の数を毎日増やしていくことで、援軍を迎えて軍勢が増えていると見せかけるなどして、敵軍を欺いた。現実には存在しない後漢の大軍を恐れた羌の軍は退却を始め、それを追撃した虞詡が勝ったのであった。

それに対して馬陵の戦いは、竈の数を日々減らしていくという、正反対の欺瞞工作でよく知られている。『孫子』の孫武とは別、後世のもう一人の「孫子」たる、斉に仕えた軍師・孫臏――『孫臏兵法』の著者――の策略である。竈を減らしながら撤退することにより、彼は、斉軍では連日脱走兵が相次いでいるという誤った情報を、魏軍に信じこませた。油断した魏の龐涓は騎兵だけを率いて長駆追撃に出てしまい、斉軍の伏兵に遭ってしまうのである。

日が暮れて狭隘な馬陵の地にさしかかった龐涓が、道端の大木に刻まれた文字を読もうと明かりをつけた途端、一斉に放たれた矢に貫かれる『史記』の名場面は、演出過多ながらやはり印象深い。そこに孫臏は、「龐涓この樹の下で死す」と刻んでおいたというのである。龐涓は己がかつて無実の罪に陥れ、両足を切断し、額に罪人の入れ墨を彫らせた孫臏を侮る誤りを犯した。孫臏が復讐を遂げ、積年の恨みを晴らしたのであった。

情報があって初めて、敵の出方を捉えて裏をかける

龐涓の失敗は、『孫子』の続くくだりに、見事に当てはまってしまっている。孫武は孫臏や龐涓よりも前の時代の人物であるから、彼らのあいだに起こる出来事を知る由もない。ただ、書かれていることに一般性があったということである。

《有利な態勢をとろうとすると利にもなるが、危険でもある。全軍で利を争おうとすると（遅くなって）時間通りに到着できないけれども、軍の一部を棄ててでも利を争おうとすると輜重を失ってしまう。すなわち、鎧兜を外して走り、日夜兼行して百里の彼方の利を争お

うとすると、三将軍（全軍の将）が捕らえられ、壮健の兵士が先行して疲労した兵士は遅れてしまい、割合にすると十人中一人しか到着しないだろう。（同じように）五十里で利を争おうとすると、上将軍（先鋒の将）が倒され、割合にして半分しか到着しないだろう。三十里で利を争おうとすると、三分の二だけが到着するだろう。軍というものは輜重がなければ維持できず、糧食がなければ維持できず、物資の補充がなければ維持できないのである。

諸侯の謀を知らなければあらかじめ交渉できないし、山川・森林・沼沢などの地理を知らなければ行軍できないし、道案内を用いなければ地形の利を得ることはできない》

「有利な態勢をとろうとすると利にもなるが、危険でもある」は、原文でいうと「故軍争為利、軍争為危」であるが、テキストによっては後半部分を「衆争為危」としているものもある。松陰は、これを採用しない。後で見るように、「軍争」が軍の分散・集中の変化で有利な態勢をとろうとするものとすれば、ここでいう「衆争」は全軍で、あるいは軍の一部を棄ててでも、利を争おうとする愚を指す。だから「衆争」の方は危険であるというのは、理屈としては正しい。しかし、「軍争」が利でもあり危険でもあることから、さらにそのうえに工夫を重ねた「迂直の計」をなすという方が孫子の本旨に適うと思われるので、「衆争」とは記さなかったと考えるのである。

松陰はまた、「全軍で利を争おうとすると時間通りに到着できない」の句から、戦いでは軍勢の数以上に精強さの方が大事であることを読み取っている。逆に壮健の兵士ばかりが先行して疲労した兵士は遅れてしまう場合、輜重部隊が遅れるというのに留まらず、多くの兵士が損なわれてしまうのだということに注意を促す。

そうならないための要訣は、つまるところ、敵の謀を知り、地形を知り、道案内を用いることである。つまりは情報があって初めて、敵の出方を捉えて裏をかき、有利な地形を捉えてその利を活かすべく、「迂直の計」や分散・集中の変化を駆使できるようになるのだ、と。

なお、「諸侯の謀を知らなければあらかじめ交渉できないし、山川・森林・沼沢などの地理を知らなければ行軍できないし、道案内を用いなければ地形の利を得ることはできない」の一文は、九地第十一にもまったく同じものが出てくる。古来、いずれかに誤った文章が紛れこんだものと理解されているが、松陰は、これが九地第十一にあることの方が間違いで、軍争第七のこの位置にあるのは正しいと理解する。こちらが情報を得ていることを、敵との駆け引きに勝つ根本に据えるからである。

「風林火山」をどう分析するか

《戦いの基本は駆け引きであって、利に適うように動き、軍を分散・集中することで変化していくのである。速いときは風のようであり、ゆっくりしているときは林のようであり、攻めるときは火のようであり、堅く守るときは山のようであり、潜伏すれば陰（雲）のようであり、行動すれば雷霆のようである。地方を襲うには軍勢を分け、占領地を拡げるには適切に守らせ、得失を判断して動く。あらかじめ「迂直の計」をわきまえている者が勝つのが、有利な態勢をとる争いの法である》

松陰は、「戦いの基本は駆け引きであ」るということを、始計第一の「兵は詭道なり（戦いは千変万化極まりない）」や軍形第四の「自軍を負けない状態に置いたうえで、敵軍が示した敗北の隙を逃さない」と関連づけて捉える。

「駆け引き」は原文では「詐」であるが、松陰はこれを「変詐」の「詐」であり、始計第一の「詭道」の「詭」のようなものであるとしている。欺くことというよりも駆け引きの意味合いで捉えているのであろう。駆け引きに後れをとった敵と対すれば負けはしないし、利に適うから敵の隙を逃さない、というわけである。

彼はまた、風・林・火・山・陰（雲）・雷霆の六つを二つに分ける。すなわち、風・火・雷霆は利に適うように動くことに分類され、林・山・陰は敵との駆け引きに分類される。

一方で、風は一挙に動くさまを示し、火は相対することができないほどの激烈さを示し、雷霆は防ぎがたい勢いを示す。これらはみな、戦いの動的な局面にあって、利に適うようにすることで速く、激しく、防ぎがたくなるということであろう。

	交戦前	交戦後	奇兵
静	林	山	陰
動	風	火	雷霆

もう一方では、林は隊列・陣容が整然たるさまを示し、山は防備の堅さを示し、陰雲は窺い知れない密（ひそ）やかさを示す。こちらは戦いの静的な局面にあり、千変万化して敵に先んじることで整然と、堅

く、窺い知れないようになるのだといえる。

なお、風と林は敵軍との交戦前の動と静、火と山は交戦開始後の動と静、雷霆と陰は奇襲のような奇兵を仕掛ける際の動と静である、というように分けることもできるだろう。

ちなみに、武田信玄が「其疾如風、其徐如林、侵掠如火、不動如山」の旗印を掲げていたというのは、『甲陽軍鑑末書』に記された有名な逸話である。ただし、この四句を信玄がどう解釈していたかは分からない。例えば山であれば、不動の姿勢を貫くことで敵・上杉謙信の軍に不和を生ぜしめたことが事例として挙げられており、少なくとも松陰の説などとは合わないようである。六つのなかから風林火山だけをとり、陰と雷霆を外すことにした理由もよく分からない。

「地方を襲うには軍勢を分け、占領地を拡げるには適切に守らせ」には異説が多い。原文は「掠郷分衆、廓地分利」。註釈によっては、「衆」を「奴隷」、「利」を「戦利品」と解し、「地方を掠奪して奴隷を分配し、占領地を拡げて戦利品を分配する」という風に、まったく違う説明をするものもある。

松陰の註釈は手短で、「軍勢を分け」「適切に守らせ」のいずれも動的であると指摘するに留まる。なお、「得失を判断して動く」ことについても、「動くべくして動き、不可であれば止まる」と、これまた簡潔である。しかし、この一句に示された単純明快な原則を見失わないようにするのが、重要だということであろう。

戦いは「気」によって勝敗を決するものである

《『軍政』には、「口でいったのでは聞こえないから鉦や鼓を用意し、動作で示したのでは見えないから旗を用意する」とある。鉦・鼓や旗は、人々の耳目を一つにするためのものである。人々がすでに一つになっていれば、勇敢な者も独りで進むわけにはいかないし、怯懦な者も独りで退くわけにはいかない。これが大軍を動かす法である。「夜戦のときにはかがり火や鼓を多く用い、昼戦のときには旗を多く用いる」のは、人々の耳目に応じて変えているのである。敵の軍隊に対してはその意気を阻喪し、敵の将に対してはその心を攪乱する。

始まりには士気は鋭いが、なかほどには締まりがなくなり、終わりには気力が尽きて休みたくなる。戦上手は、士気鋭い敵を避けて、締まりがなくなり、気力が尽きたところを撃つ。これが気を治めるということである。自軍がよく整った状態で敵軍の乱れを待ち、自らは落ち着いた状態で敵将が軽挙するのを待つ。これが心を治めるということである。近道を経て遠路やって来る敵を待ち、充実した状態で疲労した敵を待ち、充分に食事をとって敵が飢えるのを待つ。これが力を治めるということである。隊列の整った敵は迎撃せず、堂々たる陣立ての敵は攻撃しない。これが変化を治めるということである》

議論は一転、鉦・鼓や旗の効用から、士気の変動を利して敵を撃つことへと展開していく。引用されている『軍政』とは、『孫子』よりもさらに古い時代に書かれ、すでに散逸したとされる兵書である。

松陰は、敵と争った結果、混乱が生じることを考慮して、鉦・鼓や旗の合図を使って大軍を動かすことに話が及ぶのだと説明する。全軍で戦機がみなぎり気勢がふるいたっているとき、勇敢な者も怯懦な者もなく、みな合図に従って自然に動かされる。そのときにはもはや、重ねて賞罰などくどくどしく説く必要もなくなる、と述べている。

ところで、この部分を彼は、【A】①『軍政』での鉦・鼓や旗の説明、②鉦・鼓や旗を用いた敵軍の意気阻喪（「夜戦のときには」から「その心を攪乱する」まで）、③士気の変化とそれを活かした戦法（「始まりには」以降）、という三段階からなるひとまとまりとして説明している。

それに対して一般的な説では【B】同じ①『軍政』での鉦・鼓や旗の説明から、②鉦・鼓や旗を用いた連絡の補足（「夜戦のときには」から「応じて変えているのである」まで）でいったんひとまとまりが終わったものとする。次に、別の話として、③士気の変化とそれを活かした戦法（「敵の軍隊に対しては」以降）が論じられるという風に、二つに分けているのである。この場合、②でかがり火などを多く用いるというのは、頻度のことを指すことになる。

《【A】『軍政』には、……これが大軍を動かす法である。「夜戦のときにはかがり火や鼓を多く用い、昼戦のときには旗を多く用いる」のは、人々の耳目に応じて変えているのである。敵の軍隊に対してはその意気を阻喪し、敵の将に対してはその心を攪乱する。

始まりには士気は鋭いが、……》

《【B】『軍政』には、……これが大軍を動かす法である。「夜戦のときにはかがり火や鼓を多く用い、昼戦のときには旗を多く用いる」のは、人々の耳目に応じて変えているのである。

敵の軍隊に対してはその意気を阻喪し、敵の将に対してはその心を攪乱する。始まりには士気は鋭いが、……》

これに対して松陰の読解【A】は、普通の用法ではなく術策を前面に出した、鉦・鼓や旗の使い方であった。昼夜の移行に応じて旗を使ったりかがり火や鼓を使ったりするだけでなく、後世の兵学者が「軍勢が多ければ（わざと）旗を少なくし、少なければ（わざと）旗を多くする」といっているのと同じ理屈で、場合に応じ、敵に応じて適宜やり方を変えるようにいうのである。

そうすると②は、味方を鼓舞し敵を萎縮させるために、わざと多くのかがり火などを用いるという意味で書かれているということになり、「多く」は頻度ではなく数量の話になる。

士気の問題を総括して、松陰は、戦いというものは気によって勝敗を決するものであり、気は心より発するとしている。気を治めるというのは気を緩ませぬことである一方、敵の鋭気を避けることができなければ味方は挫かれてしまうし、気の崩れた敵を撃つのでなければ味方の気はやり場がなく、いずれも気を治めることにはならない、と。

なぜ本篇の最後に「用兵の法則」が書かれたのか

《用兵の法則では、高地をとった敵に向かってはならない。丘を背にした敵を迎え撃ってはならない。逃げると見せかける敵を追撃してはならない。士気の高い士卒を攻めてはならない。誘いには乗ってはならない。自国へ帰る敵を阻んではならない。包囲するときには必ず逃げ道を開けなければならない。窮地の敵を追いこんではならない。これが用兵の法則である》

最後にさらに、『孫子』の議論は再度の転回を見せる。再び現れた「用兵の法則」とは何か。個々の説の当否はともかく、どうして『孫子』のこの部分で、こうした作戦上の注意がなされているのか。

明の劉寅(りゅういん)の『武経直解』では、これらのひとまとまりは錯簡であり、次の九変第八の方に収めるべきであるとする説が紹介されている。

これに対して松陰は、敵と争った結果起こる混乱について考えてきたのだから、末尾はこれでなくてはならないと反論する。このことが本篇冒頭の註釈——孫子が、いったん敵と争うとなればその後の混乱が尽きないことをよくよく考えた——に対応しているのは、いうまでもない。

彼の見るところ、軍争第七の一貫した問題関心がそれなのであった。

『孫子評註』軍争第七・読み下し文

軍争第七

軍を合せ衆を聚め、而る後利を争ふ。是れ軍の争なり。凡そ対あるに非ずんば争はず。争ふは是れ敵と争ふなり。然れども解して両軍利を争ふと為すは、辞に失す。

孫子曰く、凡そ兵を用ふるの法、将、命を君に受け、軍を合せ衆を聚め、交和して舎す、軍争より難きはなし。

起手何らの鄭重ぞ。蓋し一たび争を言へば、乃ち爾く紛擾乱雑して、底極する所を知らず。孫子深く之を慮る。故に句を下し字を下すこと、覚えず此くの如し。交和は原より暁り難し。旧説、軍門を相対すと為すもの、義は則ち是なり。姑く之れに従ふ。然れども交と対と、豈に同じからんや。

軍争の難きは、迂を以て直と為し、患を以て利と為す。

人は以て迂患と為し、吾れは以て直利と為す、難き所以なり。鵯越・河越、以て其の機を悟るべく、彼の陰平・馬陵の若きも亦然り。

故らに其の途を迂げて、之れを誘ふに利を以てし、人に後れて発し、人に先だちて至る。此れ迂直の計を知る者なり。」

特り迂患を以て直利と為すのみにあらず、又迂患を示して直利と為す。之れに示すに患を以てすと曰はずして、之れを誘ふに利を以てすと曰ふ。是れ字を下す変化の処なり。○以上一段、軍争の難きは、迂直の計に在るを言ふ。

文章の離合、図の如し

迂を以て直と為す　其の途を迂ぐ

軍争の難きは　　人に後れて発し人に先だちて至る

患を以て利と為す　之れを誘ふに利を以てす

故に軍争利となり、軍争危となる。

上句は上を束ね、下句は下を起す。均しく之れ軍争なり、或は利、或は危、之れを為す何如に在るのみ。説は上下に論ずる所の如し。一に「衆争危となる」に作る。是れ分合して変を為すを以て軍争と為し、挙委して利を争ふを以て衆争と為すなり。理は則ち然り、然れども辞に失す。

軍を挙げて利を争へば、則ち及ばず。

吾れ此の句を読みて、兵は精を貴び衆を貴ばざるの説を悟れり。或は徒だ輜重を以て言ふは浅し。○以下、並びに軍争の危となる所以を言ふなり。

軍を委てて利を争へば、則ち輜重捐る。

説は下文の如し。勁き者は先んじ、罷れたる者は後る。後れたる者は猶ほ委置せられたるがごとし。捐るものは特だ輜重のみならず、此れ其の甚しきものを言ふ。

是の故に、甲を巻いて趨り、日夜処らず、道を倍し行を兼ね、百里にして利を争へば、則ち三将軍を擒にせらる。勁き者は先んじ、罷れたる者は後る。其の法十が一にして至る。

其の法とは、猶ほ大略と言はんがごとし。

五十里にして利を争へば、則ち上将軍を蹷かしむ。其の法半ば至る。

三将軍は三軍の将なり。上将軍は上軍の将なり。

三十里にして、利を争へば、則ち三分の二至る。

以上の三事は軍を委てて利を争ふを謂ふ。然れども是れ特だ其の大略を言へるのみ。

是の故に、軍に輜重なければ則ち亡ぶ。糧食なければ則ち亡ぶ。委積なければ則ち亡ぶ。

文脈は、上の「輜重捐る」を承け来る。糧食・委積は、則ち其の陪説のみ。

故に諸侯の謀を知らざる者は予め交はること能はず。山林・険阻・沮沢の形を知らざる者は軍を行ること能はず。郷導を用ひざる者は地の利を得ること能はず。」

此の三句、上を承け下を起し、自ら一段を作す。游衍の勢是れなり。上段に属けて読むを可と為す。蓋し敵の謀を知り、地形を知り、郷導を用ふるは、是れ軍争の要法にして、迂直の計、分合の変、皆此れより出づ。反つて「知らず」、「能はず」を以て之れを言ひて、上段に接せしむ。文法円活なり。九地（篇）にも亦此の三句あるを以て、故に或は以て衍と為す。吾れ謂へらく、彼れは則ち衍ならんも、此れ安んぞ衍とすべけんや。

故に兵は詐を以て立ち、利を以て動き、分合を以て変を為すものなり。

詐は変詐、猶ほ詭道の詭のごとし。詐を以て立てば、則ち不敗の地に立つ。利を以て動けば、則ち敵の敗を失はず。而して其の変化の窮りなき所以のものは、全く分合の術に在り、分合は立つと動くとに就いて之れを観れば、其の半ばを得ん。

故に其の疾きこと風の如く、其の徐なること林の如く、侵掠すること火の如く、動かざること山の如く、知り難きこと陰の如く、動くこと雷霆の如し。郷を掠むるには衆を分ち、地を廓むるには利を分つ。権を懸けて而して動く。

風火雷霆は、利を以て動くなり。林と山と陰の如しとは、詐を以て立つなり。衆を分ち利を分つは、全て「動」を以て言ひ、「立」其の中に在り。権を懸けて動くとは、動くべくして動き、不可なれば則ち止む。是れ権なり。一句、八句を束ぬ。

先づ迂直の計を知る者は勝つ。此れ軍争の法なり。」

先づ迂直の計を知り、之れを行るに分合の変を以てす、此れ軍争の法なり。ここに至りて軍争の本意尽せり。下段応に須らく何如に議論すべき。

軍政に曰く、言へども相聞えず、故に之れが金鼓を為す。視れども相見えず、故に之れが旌旗を為す。

二句は是れ軍政の語なり。下文に其の義を釈す。

夫れ金鼓旌旗は、人の耳目を一にする所以なり。

苟し言語を以て指麾せば、則ち或は聞え或は否、或は見え或は否。耳目何を以て一と為さん。軍の必ず金鼓旌旗を須ふる所以なり。

人既に専一ならば、則ち勇者も独り進むを得ず、怯者も独り退くを得ず。此れ衆を用ふるの法なり。

得ずとは、三軍の衆、機張り勢奮ひ、勇となく怯となく、自然に然らざるを得ざるなり。是れ金鼓旌旗の功用乃ち然り。ここに至りては、復た法教賞罰を説くに暇あらざるなり。

故に夜戦には火鼓を多くし、昼戦には旌旗を多くす。

二句亦軍政の語なり。然れども是れ時の宜しきを権るのみ。近世の兵家曰く、「軍衆きときは旗を少なくし、軍寡き時は旗を多くす」と。亦此の理なり。

人の耳目を変ずる所以なり。

人は上文を連ぬ、彼我を指定せざるを妙と為す。金鼓旌旗の人に於ける、唯だ是れ斯くの如し。変は変動なり。彼れに在りては、変動して乱となり屈となり、我れに在りては、変動して治となり強となる。是れ彼我に通ずるの説なり。○此の段、金鼓旌旗の功用を言ふ。蓋し亦争の乱を致さんことを慮る。故にここに於て特に之れを言ふ。

三軍は気を奪ふべし、将軍は心を奪ふべし。

上段の変の字を承け、改めて奪の字と為し、耳目を改めて気心と為す。

是の故に、朝気は鋭く、昼気は惰り、暮気は帰る。

凡そ戦は気を以て勝敗す。気は心の発なり。故に特に分析して之れを言ふ。朝・昼・暮は始・中・終なり。凡そ事皆然るなり。徒だ一日を以て之れを言ふのみに非ず。ここに三句を挿みて以て下の句を起す。

故に善く兵を用ふる者は、其の鋭気を避けて、其の惰帰を撃つ。此れ気を治むる者なり。

気を治むとは、気をして撓まざらしむるなり。鋭にして避けずんば、吾が気則ち挫く。惰帰を撃たずんば、以て吾が気を用ふるなし。皆気を治むる所以に非ず。治を以て乱を待ち、静を以て譁を待つ。此れ心を治むる者なり。

心を治むるは静に就いて言ひ、気を治むるは動に就いて言ふ。

近を以て遠を待ち、佚を以て労を待ち、飽を以て飢を待つ。此れ力を治むる者なり。正々の旗を要ふること無れ、堂々の陣を撃つこと勿れ。此れ変を治むる者なり。」

気を奪ひ心を奪ふより、気を治め心を治むるに転出し、因つて力を治め変を治むるを陪説す。変は即ち「分合して変を為す」の変なり。可を見て進み、難を知りて退き、変化して極まらず、是れを変を治むと謂ふ。○四つの治、避くと曰ふもの一、待つと曰ふもの五、無れと曰ひ勿れと曰ふもの各〻一、而して撃つと曰ふものは一のみ。下の段、終に七勿一必を連下す。亦皆争の乱を致さんことを慮るのみ。軍争の結尾、此れに非ずんば承当せず。張賁は

乃ち七勿一必を削り、之を下篇に附せんと欲す、妄と謂ふべきのみ。

故に兵を用ふるの法は、高陵には向ふこと勿れ、丘を背にせるは逆ふること勿れ、佯り北ぐるには従ふこと勿れ、鋭卒は攻むること勿れ、餌兵は食むこと勿れ、帰師は遏むること勿れ、囲む師は必ず闕け、窮寇には迫ること勿れ。此れ兵を用ふるの法なり。

此の篇須らく句々精究すべし。而して迂直・分合・四治、及び此の処、最も宜しく思を致すべし。是れ孫の文の最も簡切なるものなり。

九変第八

「利と害の両面を考える」

変化に有効に対応するには、利と害をわきまえておく

竹簡の時代から伝わった『孫子』という書物には、錯簡や脱簡の類が少なくない。ここまで何度も触れてきたことだが、この九変第八にはとりわけ当てはまる。松陰も最初に、「この篇には必ず錯簡があるから、無理に解釈すべきではない」と注意を促している。

ただし、「九変」の「九」は多さを表す修飾語であって、具体的な数を指しているわけではないという解釈を、彼はとらない。そのため、「九変」は五つまでは出てくるが、なお四つが脱簡し、抜け落ちたままだと捉えているのである。

にもかかわらず、九変第八は、全体として空疎であるわけではない。「五利」や「五危」といった具体的かつ有益な教訓もあるし、「智者が物を考慮するときには、利と害の両面を考える」のような、最も有名な句の一つとまではいえないが、しかし味わい深い名言もある。

何より、「敵が来ないことを恃みにするのではなく、こちらに備えがあることを恃みとし、敵の攻撃がないことを恃みにするのではなく、攻撃できないようにしていることを恃みとす

る」のくだりは、当たり前のことのようでいて、人がつい失念してしまいやすいことを端的に記したものといえる。

いずれにしても、この篇が前提としているのは、物事は変化し続けているということである。その流転に有効に対応するには、利と害をわきまえておかなければならないし、その裏側の極端として、利と害を超えた強すぎるこだわりを持つと危ない。そう論じているのである。

《用兵の法則では、将が君主の命を受けて、兵士を集めて軍を編制するものである。圮地（ひち）（険しくて高低があり歩きにくい地）には陣をとってはいけない。衢地（くち）（諸国に通じる地）では諸侯と手を結べ。絶地（泉も井戸も牧草もない地）で休止してはいけない。囲地（包囲されやすい地）では計略を用いよ。死地（死を覚悟すべき地）では必死で戦え》

冒頭は途中まで軍争第七の冒頭と同じ文章であって、松陰も明らかに錯簡であると指摘している。それに続く地形・地勢に関する五つの対応策も、後の九地第十一とだいたい類似してしまっている。松陰は、要するにこの五つは戦争の常法であって変法ではないのだから、変法を扱う九変第八には適当ではないと斥ける。

ただし、九地第十一では「圮地には陣をとってはいけない」ではなく「圮地では通り過ぎよ」となっているほか、「絶地で休止してはいけない」の一句がない。単に竹簡が入り混じってしまったというだけでなく、後世の手が加わっているようである。

「五危」こそ「五利」だとする推理

《道といっても通ってはいけないこともあり、敵軍といっても攻撃してはいけないこともあり、城といっても攻めてはいけないこともあり、土地といっても奪いに行ってはいけないこともあり、君主の命令といっても受けてはいけないこともある。

九変の利に通じた将は、戦い方を知っているといえる。九変の利に通じていない将は、たとえ地形が分かっていても、地の利を得ることはできない。軍を率いながら九変の術を知らなければ、五利が分かっていたとしても、人を充分に役立てることはできない》

松陰は、この五つ――道・敵軍・城・土地・命令についての――こそが、九変第八でいうところの変法であると見なしている。道を通るのも、敵軍を攻撃するのも、城を攻めるのも、土地を奪うのも、君主の命令を受けるのも、みな常法である。それらをあえてしないというのだから、常法の反対、変法でないわけがない、と。

なお、数が五つしかなく、九つに足りないのは、もともとその前に数語あったものが、いまは抜け落ちてしまっているからであるという説明もしている。松陰は「九変」の「九」が具体的な数字を指していると捉えるので、冒頭の錯簡はいかにも脱漏の跡として映るわけである。

それでは、孫子が最後にいう「五利」の方は何か。これには諸説ある。第一に、そのすぐ前、すなわち、松陰が九変のなかの五つと見なしたものが、「五利」であるとするもの。それから第二に、篇首に書かれていたのが、その五つであるとするもの。つまり、「圮地には陣をとってはいけない。衢地では諸侯と手を結べ。絶地で休止してはいけない。囲地では計略を用いよ。死地では必死で戦え」には重複も多いが錯簡ではなく、「五利」だと見なすわけである。

しかし、松陰はいずれの説もとらないし、とれない。あらかじめ、篇首の五つは錯簡と捉えているからだし、直前の五つの変法は本来「九変」のなかの五つだと解しているからである。彼はその代わりに、曹操の説を参照しつつ、のちほどこの篇の末尾に出てくる「五危」がイコール「五利」なのではないかと推理する。

物事というのは、そこに含まれている危うさをきちんと危ぶむことによって、利に変えることができる。続いて孫子が説いている「利と害の両面を考える」というのがその意味である、と。だから、「危」は「利」なのであって、「五危」こそ「五利」なのだということになる。

この理解に立てば、九変第八の過半は、人を充分に役立てること、つまりは人材活用の術を示したものであると見なせよう。

松陰はさらに論じる。

――（後で出てくるような）「五危」の弱点を持った将であっても、それぞれに役立て方があるし、「五危」ではない将ならば、なおさらである。生きることもあれば死ぬこともあり、侮蔑に耐えられないこともあれば民を愛することもあるのであって、用い方のない者などいないのだ。

このあたりは、松下村塾で弟子たち一人一人の個性を活かし、育てた、彼一流の教育論にも結びついてくる。

松陰の幕末情勢分析と、それを打破する格言

《だから、智者が物を考慮するときには、利と害の両面を考える。利をまじえて考えることで、務めは達せられる。害をまじえて考えることで、難は解ける。諸侯を抑えるには害によ る。諸侯を疲弊させるには利とも害とも分からせず、動かざるをえなくする。諸侯を使うには利で誘うのである。

戦いの法則は、敵が来ないことを恃みにするのではなく、こちらに備えがあることを恃み

とし、敵の攻撃がないことを恃みにするのではなく、攻撃できないようにしていることを恃みとする》

松陰は、この「利と害の両面を考える」ことこそ、九変第八の眼目であると指摘している。およそこの世の物事には、利と害とが入り混じっている。まったく何の利もないものはないし、まったく何の害のないものもない。だから人間は、何事かを為そうとするときに、いろいろと害が多いことを理由にして、それは為すべきではないことだと考えてしまいがちである。あるいは逆に、いろいろと利が多いことを理由にして、それは為すべきことだと考えてしまいがちである。

しかし彼は、自分は害が多いことにも少しは利があることを忘れないので、為すべき務めを果たすことができるし、利が多いことにも少しは害があることを忘れないので、不測の災いを避けることができるのだという。

そのように論ずるのは、単なる一般論としてではなく、具体的な目下の情勢が念頭にあってのことであった。

松陰には、数々の困難があってもそれらを乗り越えて日本を守り、かえって世の中が良くなっていく未来と、その逆に、現下の安定・安寧にしがみつくあまり、かえって日本の瓦解を食い止める機会を永遠に失ってしまう未来とが、思い描かれていたのである。彼の見るところ、藩政府の中枢は、松陰たちが何事かを為そうとするのを見て、一切を軽挙妄動と捉えて阻止しようとしていた。焦慮の念を募らせる松陰にとって、それは座して機会を失い、人後に落ちるに甘んじるものにほかならなかったのである。

彼はこう批判する。

――それでは孫子のいう「智者」ではなく、孔子のいう「佞人利口（口先が巧みで、人に媚びへつらう者の利口さ）」というものであって、ただ為すべき務めを果たせないだけでなく、災いを解くこともできない。古の「智者」は事を為すために思慮を始めたが、いまの「智者」は事を阻むために思慮を始めるのか。

松陰は、そのように皮肉にいい募らずにはおれなかったのである。

その一方で、孫子がいう「諸侯を抑えるには害による。諸侯を疲弊させるには利とも害とも分からせず、動かざるをえなくする。諸侯を使うには利で誘うのである」の一連の術を実践してきたのは、幕府であった。彼らは、屈さぬ相手を害で脅かし従わせたり、動かない相手は利で誘導したりすることで、天下を掌(てのひら)の上で自在に動かしてきたのだと、松陰は論ずる。

しかし、利があるように見えるからといって必ずすべきではないし、害があるように見えるからといって必ず憚(はばか)るべきでもない。そのうえで彼は、「敵が来ないことを恃みにするのではなく、こちらに備えがあることを恃みとし、敵の攻撃がないことを恃みにするのではなく、攻撃できないようにしていることを恃みとする」の四句こそ、千古不易の格言であると強調する。

実のところ、松陰は、一八四六年の「異賊防禦の策」や一八四九年の「水陸戦略」といった初期の論策のときからすでに、この四句を日本の守りについて考える基礎としてきたのであった。

五危と五利を分けるのは、きちんと洞察するか否か

《将には五危がある。必死にやることしか知らない者は殺され、生き残ろうとしかしない者は捕らえられ、短気な者は侮蔑に耐えられず、清廉潔白な者は辱められ、民を愛する者は煩わされる。およそこの五つは将の過失であり、戦いの災いとなる。軍を壊滅させ将を死に追いやるのは、必ず五危による。よく洞察しなければならない》

最後に、将たるものが利と害を度外視したこだわりを持つことの危険を説いて、九変第八は終わる。

死を覚悟して奮戦することは必ずしも非難されるべきことではないが、それを利用する敵に殺されてしまうだろう。それとは逆に、生き残ろうとすることそのものが悪であるわけではないが、あまりに汲々となれば敵に乗じられ、捕まってしまうだろう（虜となった後で生き長らえるか否かは、また別の問題である）。短気であること、清廉潔白であること、民を愛

すること、これらにおいても固執すれば弱点となる。例えば、短気であることは率直さや果断さ、敵と対するときの気迫にもつながるし、清廉潔白であったり民を愛したりするのは、生き方としては立派なことだろう。しかし、仮にも責任ある地位にある者ならば、自分の生き方のせいで、多くの兵士の命や国家の命運さえもが危殆に瀕してしまうことは、避けなければならない。

もちろんこれは、味方の欠点なら害だが、敵の欠点であれば利である。また、自らの欠点をよく知るなら、かえってまた利にもできるが、敵の欠点を知らなければ、利にはできない。松陰いわく、五危は五利でもある。両者を分けるのは、つまるところ、きちんと洞察するか否かなのである。

『孫子評註』九変第八・読み下し文

九変第八

一　此の篇必ず錯簡あり、強ひて解すべからず。九変なるもの、五つの類せざる所あり、而して猶ほ其の四を脱せるのみ。

孫子曰く、凡そ兵を用ふるの法は、将、命を君に受け、軍を合せ衆を聚む。

十四字、已に上篇に見えたり。明かに是れ錯簡なり。

圮地には舎るなかれ、衢地には交を合す、絶地には留まるなかれ、囲地には則ち謀り、死地には則ち戦へ。」

是れ亦九地の錯簡なり。而して九地には、「舎るなかれ」を「則ち行く」に作り、衢地の下に一つの則の字多し。但し絶地の一句、未だ其の出づる所を見ず。之れを要するに、此の五つの者皆兵を用ふるの常法なり、寧んぞ変と為すべけんや。

塗、由らざる所あり。軍、撃たざる所あり。城、攻めざる所あり。地、争はざる所あり。君命、受けざる所あり。

是れ所謂変なり。其の数足らざるは、起首に尚ほ数語ありて、今之れを脱せるなり。塗に由り、軍を撃ち、城を攻め、地を争ひ、君命を受く、是れ常なり。今皆せざる所あり、豈に変に非ずや。

故に、将、九変の利に通ずる者は、兵を用ふるを知る。

毎変皆利ありて存す。故に之れを九変の利と謂ふ。

将、九変の利に通ぜざる者は、地形を知ると雖も、地の利を得る能はず。

地形とは、地形・行軍等に謂ふ所是れなり。此の地あれば、斯に此の利あり。苟し九変に通ぜずして、由るべからざるに由り、撃つべからざるを撃ち、攻むべからざるを攻め、争ふべからざるを争ひ、受くべからざるを受くれば、安んぞ能く地の利を得て、己れの用と為さんや。

兵を治むるに、九変の術を知らざれば、五利を知ると雖も、人の用を得る能はず。

兵を治むるは将の事なり。術を知るとは、即ち利に通ずるなり。特だ文を変じて之れを互にするのみ。五利は、曹公曰く、「下の五事を謂ふなり」と。蓋し五危を指して言ふ。凡そ事は善く其の危きを危めば乃ち利たり。下文の「利害に雑ふ」とは、殆ど其の義なり。将苟し九変を知れば、五危の将も亦各〻其の用あり。況や其の他をや。蓋し将の事一に非ず。或は由り或はしからず、或は撃ち或はしからず、故に其の人、或は生き或は死し、或は忿り或は愛し、用ふるとして当らざるはなし。是れを人の用を得と謂ふ。○以上、九変を把りて、一正二反に説く。

是の故に、智者の慮りは、必ず利害に雑ふ。

雑フ二於利害一ニの四字は、一篇の眼目なり。上の五有は、是れ害に雑ふるなり。利に通じ術を知るは、是れ利に雑ふるなり。下文素層々、並（みな）利害の上に在り。利に雑へて、而して務（つとめ）信（の）ぶべきなり。害に雑へて、而して患解くべきなり。

凡そ事には利あらざるなく、又害あらざるなし。故に事を挙ぐるに、人皆以て万挙万害、必ず為すべからずと為す。吾れは乃ちこれを利に雑ふ。為す所の務、乃ち信（の）ぶべきなり。人皆以て万挙万利、必ず為すべしと為す。吾れは乃ちこれを害に雑ふ。不測の患、乃ち解くべきなり。是れを之れ智者と謂ふ。近ごろ智を以て自ら負（たの）む者、人の事を挙ぐるを見て、一切軽挙妄動と為して以て之れを沮撓（そだう）し、坐して機会を失ひ、甘んじて人後に落つ。啻に其の務信びざるのみならず、其の害更に解くべからず。是れ孔子の所謂佞人利口にして、孫子の所謂智者に非ず。又按ずるに、古の智者は事を挙げんが為めに見を起し、今の智者は事を沮（はば）まんが為めに見を起す。

是の故に、諸侯を屈するには害を以てし、諸侯を役するには業を以てし、諸侯を趨（はし）らすには利を以てす。

是れ利害を設けて以て諸侯を制するを言ふなり。屈せざる者は、害を以て之れを劫制し、趣かざる者は、利を以て之れを誘制す。業は利害の事を兼ねて言ふ。二百年来、幕府の天下を掌に運すや、実に此の術を用ひたり。

故に兵を用ふるの法は、其の来らざるを恃むことなく、吾が以て待つあるを恃む。其の攻めざるを恃むことなく、吾が攻むべからざる所あるを恃む。」

是れ利の必すべからず、害の憚るに足らざるを言ふなり。四言、千古の格言、意味限りなし。以の字、所の字、是れ其の著眼。

故に将に五危あり。

五危は、己れに在れば害たり、敵に在れば利たり。己れに在りて自ら知れば、反つて亦利たり。敵に在るも知らざれば、何ぞ能く利と為さん。是れ五利の五危たる所以なり。

必死は殺すべし、必生は虜にすべし、忿速は侮るべし、廉潔は辱むべし、民を愛するは煩はすべし。

句々、旧説説き得て好し。

凡そ此の五つの者は、将の過なり、兵を用ふるの災なり。

已に「将の過なり」を以てす、明かに「将に五危あり」を結ぶなり。又「兵を用ふるの災なり」を以てす、暗に全篇を結ぶなり。

軍を覆し将を殺すは、必ず五危を以てす、察せざるべからず。

「軍を覆し将を殺す」は切に「兵を用ふるの災なり」に貼し、「必ず五危を以てす」は、「将の過なり」に廻環し、遂に「察せざるべからず」を以て結びと為す。五危の、敵に在るも我れに在るも、利たるも害たるも、着落は一つの察の字に在り、苟も已に察せば、危、巧ち利なり。

行軍第九

敵情観察と味方の掌握

「名文」の構造的類似

行軍第九で論じられているのは、軍を動かす際の雑多な注意点である。そしてそのなかで、敵情を鋭く観察することと、味方をきちんと掌握することが大事であるということが、二つの大きな軸を成している。松陰の註釈は大半が語彙や文法についてのものである。個別具体的な話が多いこともあって、錯簡を指摘しもするものの、彼は、孫子の文章表現が基本的には優れたものであると捉える。

すなわち松陰は、最初に、「適切に布陣し、敵の動静を窺うのでなければ、軍を進めてはいけない」ということと、「人心を得なければ、軍を適切に布陣できず、敵の動静を窺っても益がない」ということとが、この篇の眼目であると概括している。そして、この篇は名文であり、『書経』の禹貢第六に似ていることを指摘する。

禹貢第六は、堯・舜に続く伝説の聖王・禹が、天下を九つの州に分けて立派に統治した事績を描いたものであるが、はじめに「土地を分け、高山大川で境を定めた」と全篇を要約し、以下で九州・導山・導水と、はじめと順に対応させながら叙述して、末尾の「九つの州が平和になり」云々の段で結論にしている。

松陰がいうのはつまり、行軍第九でも冒頭の「適切に布陣し、敵の動静を窺う」が全篇の要約に相当しており、以下で各論を述べていき、最後に「人心を得る」云々の段で結論にしていることが、構造的に類似しているということであった。

「適切に布陣し、敵の動静を窺う」ための具体策

《適切に布陣し、敵の動静を窺うには、山地を進むときは谷沿いに進み、視界の開けた高い場所に布陣する。高い場所に陣取る敵と戦うときには、攻め登ってはならない。これが山地での軍の扱いである。

河を渡ったら、すぐに離れる。敵が河を渡ってくるときは、水に入って迎え撃ってはならない。半分渡らせたうえで攻撃すると有利になる。戦おうとするとき、水辺で敵を迎え撃ってはならない。視界の開けた高い場所に布陣する。水の流れに向かい合ってはならない。これが河の傍での軍の扱いである。

湿地を通るときはただ素早く通り、留まってはならない。もし湿地で敵軍と交戦するなら、水と茂みを押さえ、木々を背にするようにしなければならない。これが湿地での軍の扱いである。

平原では見晴らしの良い場所に布陣せよ。主力は高い場所を背にし、前方は低く、後方は高くする。これが平原での軍の扱いである。

およそ、この四軍の利が、黄帝が四帝に勝った理由である》

黄帝は堯・舜よりもさらに遡る伝説の君主。四帝は東の青帝、南の赤帝、西の白帝、北の黒帝ともいわれるが、孫子は、黄帝は適切な布陣でこれら四帝に勝利したのだとして、行軍第九の内容は歴史の経験に基づくものだとしているわけである。

孫子は今日から見れば大昔の人間であるが、黄帝はなお二千年ほど前に位置づけられる。孫子は、自分が直接経験したことや自分の見聞きしたことに留まらず、さまざまな過去の戦争に取材した、ある意味では歴史の研究者でもある。

松陰は、最初の「適切に布陣し、敵の動静を窺う」というのが全体の大要であることを改めて指摘するとともに、以下はその細目であって、先行研究も大方妥当であるとしている。

なかでも「高い場所に陣取る敵」は、視界の開けた高い場所、つまりは自軍が先に見つけて布陣すべき場所を先にとってしまった厄介な敵である。これとも戦うほかないが、「登ることなかれ」なのだから、こちらが引いて迎え撃ったり、誘い出したりして、猛虎を穴から出して殺すようにするべきである、と松陰は論じている。

河の傍での戦い方については、敵を半分渡らせるというのは兵学者の常套手段であること、「敵が河を渡ってくるとき」云々も「戦おうとするとき」云々も、いずれも敵を迎え撃つことばかりであること、を指摘するに止まる（迎撃ばかりなのは錯簡のためであると捉えている。後述）。

ともあれ、虚実第六でも荻生徂徠が例に挙げた韓信の戦いが、『孫子』をさらに応用した奇法であることは、改めていうまでもない。濰水の戦いはつまり、「半分渡らせたうえで攻撃すると有利になる」状況を、堰きとめた水を放流することで事後的につくりだすものであった。また、井陘の戦いは、「河を渡ったら、すぐに離れる」にあえて反して陣を布くことで、敵の大軍を野戦に誘いこむものであった。

《およそ軍は、高い場所を選んで低い場所を選ばないものである。日当たりの良い場所を求め、日当たりの悪い場所を避ける。兵士の健康に気をつけて布陣し、軍に疾病など発生することもなければ、勝利に結びつく。丘陵や堤防がある場合は、日の当たる場所に布陣し、主力がこれを背にするようにする。これが戦いの利であり、地形を活かすことである。

上流に雨が降り、河の水があふれるように流れてくるとき、渡ろうとするなら、水勢が収まるまで待たなければならない。

地形で絶澗（絶壁に挟まれた谷間）・天井（深く落ちこんだ窪地）・天牢（三面が崖で、出づらい場所）・天羅（草木が密生した動きづらい場所）・天陥（泥沼化して通りづらい湿地）・天隙（でこぼこした深く長い谷間が続く場所）があれば、必ず速やかに去り、近づいてはならない。味方はこの地から遠ざかり、敵はこの地に近づかせよ。味方はこの地に向かい合い、敵はこの地を背にさせよ。

行軍の途中に険阻な地形、溜池や窪地、森林、蘆原、草木の茂みがあれば、必ず入念に探索しなければならない。これは敵の伏兵や斥候が潜む場所である》

「上流に雨が降り」のくだりは錯簡で、本来は「水の流れに向かい合ってはならない」の続きに置かれるべきものであると、松陰は指摘する。先に出てきた河の傍での戦い方のなかで、敵を迎え撃つことしか書かれていなかったのは、河を渡って攻撃する論が間違ってこちらに紛れこんでしまったためではないかというわけである。

順当な状況観察から、ときに逆説的な人間心理の把握へ

《敵が接近していながら静かであるのは、陣取る要害を恃みとしているのである。敵が遠く離れているのに挑発してくるのは、味方を誘い出そうとしているのである。敵が開けた場所にいるのは、何か有利があるのである。

多くの樹木が揺れるのは、敵が秘かに接近しているのである。草むらに仕掛けが多いのは、こちらを惑わすためである。鳥が飛び立つのは、その下に伏兵がいるのである。獣が驚いて出てくるのは、敵が隠れて襲ってくるのである。砂塵が高くまっすぐ舞いあがるのは、

戦車が来るのである。砂塵が低く広がっているのは、歩兵が来るのである。砂塵が疎(まば)らに巻きあがるのは、薪をとっているのである。砂塵が少し起こったり消えたりするのは、陣を設営しているのである。

使者の言葉がへりくだり、備えを固めているのは、進軍しようとしているのである。使者の言葉が強硬で、前進の構えを示しているのは、退却しようとしているのである。軽車（戦車）を先に立てて左右に部隊を置いているのは、陣を布いているのである。突然和を請うてくるのは、謀ってのことである。慌ただしく兵器を展開しているのは、決戦を期しているのである。進んだり退いたりしているのは、誘い出そうとしているのである。

武器にもたれ立っているのは、食糧不足なのである。水を汲んで我先に飲むのは、水不足なのである。利を見出しても前進しないのは、疲労しているのである。鳥が集まるのは、その下に敵がいないのである。夜、大声で呼び合うのは、恐れているのである。軍が騒いでいるのは、将が威令を欠いているのである。旗印が揺れ動くのは、混乱しているのである。士官が怒りやすくなっているのは、倦(う)み疲れているのである。馬を殺して肉を食べるのは、兵糧がないのである。炊事具をつるして陣に戻らないのは、決死である。

丁寧に声低く話しているのは、その敵将が部下の心を失っているのである。やたらに褒賞するのは、行き詰まっているのである。やたらに罰するのは、命令を聞かなくなっているのである。部下を粗暴に扱っておいて、後から恐れ心配するのは、敵将が未熟なのである。使者が来て、言葉穏やかであるのは、休息を求めているのである。敵が奮い進撃してきて、しかし戦おうとも引き下がろうともしないときは、慎重に企みを洞察しなければならない》

大江匡房（おおえのまさふさ）――『孫子』を研究し、日本最古の兵法書『闘戦経』（とうせんきょう）の著者といわれる――から兵法を学んだ源義家が、後三年の役（えき）の一〇八七年、雁（かり）の群れが乱れ飛ぶのを見て伏兵に気づいた話は有名である（『奥州後三年記』上巻）。

こうした、ある意味では順当な状況観察の例示が、徐々に「使者の言葉がへりくだり、備えを固めているのは、進軍しようとしているのである」というように、ときに逆説的な人間の内奥・心理の把握へと展開していくのが、また面白いところである。

松陰は、以上の三十二句で、「静か」と「挑発」、「開けた場所」と「要害」のように対で示される言葉が続くことに注目し、これを次々と列挙している。いわく、「樹木」と「草むら」、「鳥」と「獣」、「惑わす」と「隠れる」、……というように。そうして、対比的な語句を並べながら、字句を入り混じらせもしており、極めて整っていると同時に変化のある名文だと論じるのである。その見事な流れの果てに、「将が威令を欠く」「士官が倦み疲れている」「部下の心を失っている」「行き詰まっている」「命令を聞かなくなっている」といった描写を入れていき、篇末の「温情をもって命令を与え、軍律をもって統制する」という議論展開が唐突にならないようにしているのが巧みである、と。

戦において人心を得ることの大切さ

《戦では数は多ければ良いのではない。猛進することなく、戦力を集中し、敵情を見極めて、勝利を得るのである。よく考慮せずに敵を侮れば、必ず捕らえられる。

士卒が親しく従うようになっていないのに罰すると心服せず、心服しなければ用いがたい。士卒が親しく従うようになっているのに罰しなければ、これも用いがたい。だから温情をもって命令を与え、軍律をもって統制する。これが必ず勝利を得るやり方である。普段から命令が行き渡るようにしていれば、命令に従うようになるが、普段から命令が行き渡るようにしていないと、命令に従わなくなる。命令が普段から行き渡っているのは、人心を得ているということである》

「猛進することなく」は、原文では「惟無武進」。通常、「惟」は「ただ」とか「これ」と読み、ここは「ただ武進することなく」とか「これ武進なくして」と読み下すことが多い。

しかし松陰は、「惟」を「いえども」と読み、「武進することなしといえども」と読み下している。これは、戦いで勇猛に突き進むこと（＝武進）自体は良いことであるというのを前提とした読解といって良い。すなわち彼は、「武進」を勝手に「剛武軽進（つまりは猪突猛進）」と否定的に捉えている註釈者もいるが、それは間違いであって、「武進」自体は良いことであるとする。ただし、何よりも頼りにすべきが「武進」であるというわけでもない。呉子が将にとっての勇を論じたとき、智の数分の一の価値だとしながらも、その価値を否定したわけではなかったようなものである、という風に位置づけるのである。

もちろんそれは、武士としての情のうえではともかく、兵学者の理においては末節にすぎない。ここでの議論の本体は、「猛進することなく」よりも、「戦力を集中し、敵情を見極め」ることの方にある。

松陰は、篇の前半にあったように適切に布陣することで戦力を集中することができ、続きで列挙されたように敵を窺うことで敵情を見極めることができ、それから敵を攻めることで勝利が得られる（逆に、考慮のない者は布陣の仕方を知らず、敵を侮る者は敵を窺うこともないから、虜になる）、と議論を総括するのである。

そして勝利を得るには、きちんと布陣し、敵情を窺った将の思う通りに、軍が動いてくれなければならない。そこで最後にようやく――本当はいささか唐突なのだが――人心を得ることの大切さが説かれて、「温情をもって命令を与え、軍律をもって統制する」という議論が出てくる、ということになる。

松陰は、これを「孫武一生の持論」と述べ、始計第一の「道」の字と結びつける。そこで繰り返しになるが、松陰は、『孫子』は道を説いたものとして読むべきだと強調するのである。将たるものが人として正しい道を実践することを兵学の基礎に据えることでは、むしろ、松陰一生の持論というべきかも知れない。

『孫子評註』行軍第九・読み下し文

行軍第九

軍を処き敵を相ずんば、以て軍を行ることなし。衆と相得るに非ずんば、以て軍を処くなし、敵を相ると雖も益なし。是れ一篇の義なり。禹貢は、起手「土を敷ち、高山大川を奠む」は全篇を括尽し、下面の、九州・導山・導水は、漸次に分応し、末の「九州の同じき攸」の一段、乃ち総結と為す。是れ千古の奇文、此の篇全然之れに似たり。

孫子曰く、凡そ軍を処き敵を相る。

一句両事、是れ大綱。下は乃ち其の目なり。句々著実、旧説、十に蓋し其の八九を得たり。

山を絶るには、谷に依り、生を視、高きに処る。隆きに戦ふには登ることなかれ。此れ山に処るの軍なり。

谷に依るとは谷に傍ふなり、谷に処るに非ず。是れ山を絶るの要なり。生を視、高きに処ると、隆きに戦ふには登ることなかれとは、是れ谷に依るの要なり。蓋し生と高とは、吾れの宜しく先づ視て処るべき所なり。隆は即ち生・高なり。敵先づ視て之れに処れば、我往きて之れと戦ふ。是れ所謂「隆きに戦ふ」なり。其の法は、宜しく引きて之れを迎へ、誘ひて之れを出し、猛虎の穴を出でて、乃ち殺すべきが如くならしむべし。故に曰く、「登ることなかれ」と。山に処るの軍なりとは、猶ほ軍を山に処くには、宜しく然(しか)すべしと言ふがごとし。軍を解して軍法と為すは非なり。

水を絶るには、必ず水に遠ざかる。客、水を絶りて来るときは、之れを水内に迎ふることなかれ。半ば渡らしめて之れを撃てば利あり。

　水内とは河中なり。半渡は兵家の常言、半軍已に渡れるなり。

戦はんと欲する者は、水に附きて客を迎ふることなかれ。生を視て高きに処れ。水流を迎ふることなかれ。此れ水上に処るの軍なり。

　水に遠ざかるは、是れ水を絶るの要なり。客、水を絶ると戦はんと欲する者と、両股に対説するも、皆敵を迎ふるに就いて言ふなり。

斥沢を絶るには、唯だ亟(すみや)かに去りて留まることなかれ。若し軍を斥沢の中に交ふるときは、必ず水草に依りて、衆樹を背（うしろ）にせよ。此れ斥沢に処るの軍なり。平陸には易（やす）きに処れ。高きを右にし背にし、死を前にし、生を後にせよ。此れ平陸に処るの軍なり。

平陸には絶（わたる）の字を冒（かむ）らせず。絶ると言ふべきなければなり。○兵家多く向背順逆を言ふ、此の段之れを尽せり。

凡そ此の四軍の利は、黄帝の四帝に勝ちし所以なり。」

先づ結束を作（な）す。下の二節、又總言して再び之れを結ぶ。

凡そ軍は高きを好みて下（ひく）きを悪み、陽を貴びて陰を賤しむ。生を養ひて実に処（を）り、軍に百疾なきは、是れを必勝と謂ふ。

凡そとは之れを總言するなり。生を養ふとは、生地に居りて以て自ら養ふなり。

丘陵堤防は必ず其の陽（みなみ）に処りて、之れを右にし背（うしろ）にす。此れ兵の利、地の助なり。

此の一小段、兵の利、地の助は、暗に「軍を処く」の字を結ぶ。

上（かみ）雨ふりて水沫至らば、渉らんと欲する者、其の定まるを待て。

此の一句は、是れ水を絶るの法なり。当（まさ）に「水流を迎ふることなかれ」の下に在るべし。錯簡してここに在るのみ。水を絶るの上の両節は、皆敵を迎ふるの法にして、此の句独り往きて攻むるの法なり。
凡そ地に、絶澗・天井・天牢・天羅・天陥・天隙あらば、必ず亟かに之れを去りて、近づくことなかれ。吾れは之れに遠ざかり、敵には之れに近づかしめ、吾れは之れに迎ひ、敵には之れを背にせしめよ。

迎は向なり。

軍の旁に、険阻・潢井・林木・蒹葭、翳薈あらば、必ず謹みて之れを覆索せよ。此れ伏姦の所なり。」

「必ず謹みて之れを覆索せよ」は、是れ結語なり。下の句は註脚に似て、暗に下の「敵を相る」を起す。是れ過渡の法なり。「必ず謹みて云々」は、下段の「必ず謹みて之れを察せよ」と対す。只だ下の一句を著く、乃ち爾く板ならず。上節には、「凡そ軍は云々、是れを必勝と謂ふ」といひ、又「丘陵堤防、此れ云々なり」を掲起して之れを結ぶ。此の節には、「凡そ地に云々、敵には之れを背にせしめよ」といひ、又「軍の旁に、此れ云々なり」を掲起して之れを結ぶ。章法極めて整にして、而も其の整たるを覚えず。

近くして静かなる者は、其の険を恃むなり。遠くして戦を挑む者は、人の進まんことを欲するなり。其の居る所易なる者は、利あればなり。

戦を挑むは動なり、静の字に対す。易の字は反つて険の字に対す。只だ三句にして、変化此くの如し。

衆樹動くものは来るなり。衆草障多きものは疑はしむるなり。鳥の起つものは伏なり。獣駭くものは覆なり。

樹と草と相対し、鳥と獣と相対し、更に疑を以て伏と覆とに対し、障多きと動と変ず。

塵、高くして鋭きものは、車来るなり。卑くして広きものは徒来るなり。散じて条達するものは樵採なり。少なくして往来するものは、軍を営むなり。

一つの塵の字、四句を包む。四句の中、又二句毎に厳仗を作す。軍を営むとは、営を布き軍を張るを言ふなり。

辞卑くして備を益すものは、進むなり。辞強くして進み駆るものは、退くなり。

再び辞の字を点し、上の塵の字と変ず。○老泉の審敵は、全く力を二語に得たり。読書の著眼、宜しく此くの如く透るべく、落意は宜しく此くの如く実なるべし。

軽車先づ出でて、其の側に居るものは、陳するなり。約なくして和を請ふものは、謀るなり。

奔走して兵を陳ぬるものは、期するなり。半ば進み半ば退くものは、誘ふなり。

　四句錯落たり。陳・謀・期・誘は、則ち上の進・退と対す。

仗りて立つものは、饑ゑたるなり。汲みて先づ飲むものは、渇けるなり。

　饑と渇と相対し、亦下の労・虚・恐と対す。

利を見て進むを知らざるものは、労れたるなり。鳥の集まるものは、虚しきなり。夜呼ぶものは恐れたるなり。

　鳥集まると夜呼ぶと、亦略ぼ対す。

軍擾るるものは、将重からざるなり。旌旗動くものは、乱るるなり。吏怒るものは、倦みたるなり。

　乱ると倦むと則ち対す。

馬を殺して肉食するものは、軍に糧なきなり。缶を懸けて其の舎に返らざるものは、窮寇なり。諄々諭々として、徐かに人と言ふものは、衆を失へるなり。

　六句錯落。

数〻賞するものは、窘するなり。数〻罰するものは、困するなり。

二句厳仗。

先づ暴して而る後其の衆を畏るるものは、精ならざるの至りなり。

衆を失ふ、衆を畏るとは、皆士衆を言ふなり。

来り委して謝するものは、休息せんと欲するなり。

二句錯落。〇三十二句、錯落の中に対偶し、対偶の中に錯落す。文極めて把握すべからず。而も皆「者也」を以て之れを整ふ。極めて整、極めて変、奇文と謂ふべし。「将重からざるなり」、「吏倦みたるなり」、「衆を失へるなり」、「窘するなり」、「困するなり」の数句は、暗に下段の令文斉武の議論を含む。過渡の巧法なり。

兵怒りて相迎ひ、久しうして合戦せず、又解き去らざるは、必ず謹みて之れを察せよ。」

荘生好んで怒の字を用ふ、此れと似たり。奮振するを言ふ、忿怒に非ず。迎は上文の「之れに迎ひ」と同じ、向なり。両軍相持し、合せず解かずんば、変、其の間に見る、敵其れ相ざるべけんや。

兵は益多を貴ぶに非ず。武進することなしと惟も、以て力を併せ敵を料り人を取るに足るのみ。夫れ惟だ慮なくして敵を易る者は、必ず人に擒にせらる。

此れ上の二段を總論し、以て末段を起す。一は正、一は反、簡潔に括尽す。宜しく自ら一段たるべし。益も亦多なり。惟は雖なり、古文に例多し。註家或は之れを知らず、故に妄りに武進を解して、剛武軽進と為す。殊に知らず、武進は軍の善事なり、但だ恃む所は、専らここに在らざるのみ。猶ほ呉子が将の勇を論ずるの意のごとし。「力を併せ」は「軍を処く」に応ず。軍を処くに地を得るに非ずんば、則ち力分れて勢絶ゆ。「敵を料る」は即ち「敵を相る」のみ。力を併せ敵を料り、以て人を攻めて之れを取るべし。若し乃ち慮なき者は、軍を処くことを知らず、敵を易る者は、肯へて敵を相ずして、乃ち人の取擒する所とならんのみ。「軍を処く」より変じて、併レ力無レ慮の四字と為す。四字は専ら軍を処くの一事に在らず。下文に令文斉武を説かざるを得ざる所以なり。

卒未だ親附せずして之れを罰すれば、則ち服せず。服せざれば則ち用ひ難し。卒已に親附して罰行はれざれば、則ち用ふべからず。故に之れに令するに文を以てし、之れを斉しくするに武を以てす、是れを必取と謂ふ。令素より行はれて、以て其の民を教ふれば、則ち民服す。令素より行はれずして、以て其の民を教ふれば、則ち民服せず。令素より行はるるものは、衆と相得るなり。

令文斉武は、即ち恩威賞罰の説にして、衆と相得る所以なり。孫武一生の持論、全くここに在り。始計（篇）の道の字、已に此の意を見（あらは）す。

地形第十

「彼を知り己を知れば、勝ちすなわち危うからず」

将たる者、地を知れば人を知らなければならない

虚実第六で見たように、孫子は、まず戦地（戦うべき地）をとることが勝利の手順であると主張する。しかし、戦うべき地は一定不変ではなく、どのようにして戦いを総合的につくりあげるか次第とはいえ、どこでもどうにでもなるというわけにはいかない。

この空間的な問題について『孫子』が一篇を割くのは当然のことであるが、なぜ地形第十、九地第十一と、二つも篇があるのか。

松陰の説明は、両篇の違いから始まっている。

——九地第十一で扱うのは勢である。勢は彼我が対峙するあいだに生じる。それに対して地形第十で扱うのは、その地に自然に形があることである。これが両篇の違いである。

ただし、勢はもともと形から生じるものであり、形は勢によって生じるものであって、勢と形とは分離した要素ではない。だから、兵学者が地理をおおむね形と勢で捉え

てきたことは適切である。

この篇では、最初にいきなり地形について説いている。中途でこれに加えるのが、将が敗れる六つの類型である。そして最後に両者を合わせて論じる。これは二刀流で利き手に大太刀、逆の手に小太刀を持ち、二つながらに用いて最後に勝利を得るようなものである。

続いて、以下の部分は比較的具体的で、『孫子』のなかでも分かりやすい部分であり、松陰も補足するに留まる。

《地形に通・掛(けい)・支・隘(あい)・険・遠の六形がある。自軍も行くことができ、敵軍も来ることのできるものを通という。通形では、先に高く視界の開けた場所をとり、糧道を確保して戦うのが有利である。行きやすく、帰りにくいものを掛という。掛形では、敵軍に備えがないならば進出して勝てば良いが、備えがあって勝てなければ帰ることもできず、不利になる。自軍が進出しても利がなく、敵軍が進出しても利がないものを支という。支形では、敵が利で誘ってきても進出してはならない。撤退し、敵が半ば進出してきたところを攻撃すれば有利である。隘形では、自軍が先なら、狭い入口を塞いで敵を待て。敵が先で、狭い入口を塞いでいるようなら、追うべきでない。まだ塞げていないようなら、追って良い。険形では、自軍が先なら、高く視界の開けた場所をとって敵を待て。敵が先なら撤退し、追うべきでない。遠形では、両軍の勢が均しい場合には戦いを挑むべきでない。無理に戦うと不利になる。この六つが典型的な地形の利用法である。将の大事な任であるから、洞察しなければならない》

隘形は狭く塞がった地形、険形は険しい地形、遠形は両軍が遠く離れている状態で、字面で分かるから孫子は特に定義していない。掛形も実際の地形を表したもので、敵味方の境がぎざぎざに交わっていたり、行きは下りで帰りは上りになったりする場合である。通形と支形は正反対。隘形と険形は重複することもある（険しい隘路もある）。いずれにおいても、支形よりも一層両軍が対峙しにくい。遠形はそのほかの五つのどの場合でもありうる。

《それゆえ、軍内部の状況に走・弛・陥・崩・乱・北の六敗がある。これら六つは天災ではなく、将の過ちからくる。勢が均しい場合に、十倍の敵を攻撃するものを走（敗走）という。士卒と将校の力関係で、士卒が強すぎ将校が弱すぎるものを弛（弛緩）という。将校が強すぎ士卒が弱すぎるものを陥（陥入）という。副将が怒って命令を聞かず、敵に遭うと恨んで勝手に戦ってしまう一方、将はその能力を認めていないものを崩（崩壊）という。将が惰弱で厳格でなく、指示が明らかでなく、将校も士卒も従わず、陣立てが勝手になっているものを乱（壊乱）という。将が敵情を判断できず、少数で多数と戦い、弱兵で強兵を撃ち、軍で兵士を選抜しないものを北（敗北）という。この六つが典型的な戦敗の要因である。将の大事な任であるから、洞察しなければならない》

地形を扱った六形と軍内部の状況を扱った六敗という一見違う話が、「それゆえ」で結ばれているのは、将たる者、地を知れば人を知らなければならないからだと、松陰は指摘する。

いまの日本の人材レベルでは土崩か瓦解である

松陰にとって、地を得ることとは、軍事力に優る西洋列強にひとまず抵抗するための拠りどころであったが、人が得られないことは、平生からの苦衷（くちゅう）の種であった。

彼の見るところ、孫子も「勢が均しい場合に」と仮定しているように、現実には勢が同じであることはなく、勝敗は兵士の数の多寡だけで定まるわけではない。始計第一にあったように、勢とは客観的な彼我の優劣をもとに戦場で臨機応変に対処することで生じるのであって、簡単には決まらない。では、その勢を構成する要素の一つである士卒の強弱はどうなのか。

泰平日本の実情は、残念ながら、恃みになるとは考えられなかった。六形では淡々と説明を補うだけだった松陰は、六敗については日本の現状を苦々しく語らずにはおれない。

いわく、

――士卒が強すぎ将校が弱すぎる弛と、将校が強すぎ士卒が弱すぎる陥とでは、その優劣は簡単には比べられない。弛は緩やかで陥は急であるが、いずれも救いがたい。しかし、(日本のように)泰平が長いと将校も士卒も弱い場合があり、これはどうしようもない。

——怒った副将が敵に遭って勝手に戦うというのは、将が能力を認めて任命しなかったせいである。崩壊せざるをえない。しかし、この事例ではまだ、副将に人材がある。(日本には)いまはそれもない。これでは、崩というのは土崩か、さもなければ瓦解である。

——乱形になると将も将校も士卒も、すべて人材がいない。まさに今日の(日本の)弊風である。いったん有事になれば、たちどころに大乱となるだろう。いまは幸いに有事ではないから、乱形が隠れているだけである。何と危ういことか。

——軍で兵士を選抜するのが大切なのは、孫子のいう通りである。将に人材を得て、兵士を選抜すれば、いつでも一戦することができる。これが私の持論である。

戦いの勝敗をわきまえるのは将である

《地形は、戦いの助けになる。敵情を判断して勝算を立て、地形や距離を計算に入れるのが、優れた将の務めである。こういうことを理解して戦いを指揮すれば必ず勝ち、こういうことを理解せずに戦いを指揮すれば必ず負ける。

それゆえ、必ず勝つという見通しが立ったら、たとえ君主が戦うなといっても、戦えば良い。勝てないという見通しならば、君主が絶対に戦えといっても、戦わなくて良い。進軍して名利を求めず、退却して罪科を避けず、ただ民を守り、君主に利となる将は、国の宝である》

「優れた将」は、原文では「上将」。「総大将」の意で訳されることもあるが、松陰は能力のある将のことだと解している。ともあれ、戦いの勝敗をわきまえるのは将であって、君主のあずかり知るところではない。松陰いわく、これが「孫子一生の持論」であるということになるのだが、確かに、人間性というものにあまり期待しない孫子にして、意外なくらいに、将の果たす主体的な役割にだけは期待を寄せているといえる。

《士卒たちを嬰児のように大切にしておれば、危険な深い谷底にでも一緒に進軍することができる。士卒たちを愛する我が子のように大切にしておれば、生死をともにすることができる。厚遇しながらも仕事をさせられず、慈しみながらも命令を出せず、秩序を乱しても罰することができなければ、我儘な子供のようなもので、何の役にも立たない。

こちらの士卒が攻撃できることが分かっても、敵を攻撃すべきでないことがあるのが分からなければ、勝利はまだ途上である。敵を攻撃すべきことが分かっても、こちらの士卒が攻撃できないことがあるのが分からなければ、勝利はまだ途上である。敵を攻撃すべきことが分かり、こちらの士卒が攻撃できることが分かっても、地形的に戦うべきでないことがあるのが分からなければ、勝利はまだ途上である。戦いを知る者は、動いて迷わないし、行動して窮することがない。ゆえにいわく、彼を知り己を知れば、勝ちすなわち危うからず。天を知り地を知れば、勝ちすなわち全うすべし（敵を知って味方を知っておれば、勝利は疑いない。

天の時を知って地の利を知っておれば、勝利を逃さない）、と》

松陰は、「危険な深い谷底にでも一緒に進軍する」とは、始計第一の「道」のくだりで書かれた「危険を恐れさせない」ということであり、「生死をともにすることができる」も、同じく始計第一の「ともに死に、ともに生きるべくして」ということである、と指摘する。同様に、「嬰児」「愛する我が子」というのは行軍第九の「温情をもって命令を与え」につながり、「仕事をさせる」「命令を出す」「罰する」は同じく行軍第九の「軍律をもって統制する」につながる。「嬰児」「愛する我が子」は肯定形であり、六敗という否定形と対になっている。

いずれにせよ、こちらにも敵にも、肯定と否定の両面があるのである。

国にとって正しいと自ら知りえたことのために命を懸ける

末尾で松陰は、「戦いを知る」というのは、自軍と敵軍と地形を知ることであり、始計第一の「知る」であるとしている。それは、王守仁（おうしゅじん）（陽明）のいう「知行合一（ちこうごういつ）」――知ることと行うこととは一体であり、真に知ることとは必ず行うことをともなうという思想——から論ずべきである、と。彼においては、陽明学の論理もまた、兵学のそれと同じことを示しているのであった。それはまた、兵学者たる者、「知行合一」であるからには、兵学において知りえたことは行うのでなければならないということを意味しえた。

これよりさき、例えば『講孟余話』告子下第二章で松陰は、戦う能力を持つから武士なのではなく、国のために命を惜しまない者が武士なのだと論じている。陽明学徒としての松陰は、誰かに命じられたからではなく、自ら学び、国にとって正しいと自ら知りえたことのために、命を懸ける。

それは、普通に考えれば『孫子』の範疇を越えた決意であるが、松陰にとっては『孫子』の論理にも合致していたのであった。

『孫子評註』地形第十・読み下し文

地形第十

九地は勢なり、彼我相対して、勢其の間に生ず。地形は地に自ら斯の形あり。是れ形地の別なり。然れども勢は固より形より生じ、形は又勢より生ず。勢と形と初めより未だ曾て離れず。兵家は概ね土地を以て形勢と為す、其の義切なり。此の篇、劈頭に地形を言ふ、所謂単刀直入法なり。而して中間に陪するに六敗と将道とを以てし、結びには乃ち之れを合せ言ふ。亦猶ほ双刀を用ふるもの、一は主、一は輔にして、同じく勝に帰するがごとし。

孫子曰く、地形に、通なるものあり、掛（けい）なるものあり、支なるものあり、隘（あい）なるものあり、険なるものあり、遠なるものあり。

通は是れ往来皆通ず。掛は是れ往くには通じ、来るには塞がる。支は是れ往来皆塞がる、正（まさ）に通と相反す。隘・険は塞の極なり。支は猶ほ対持する所あるがごとし。隘と険とは則ち之れなし。遠は則ち上の五者を兼ねて之れを有す。

我れ以て往くべく、彼れ以て来るべきを、通と曰ふ。通形には、先づ高陽に居り、糧道を利して以て戦へば則ち利あり。

先と言ふは、先づ以て人を制せんと欲するなり。之れに居り之れを利し、因つて以て戦を為さば則ち利あり。他の字々確実なるを看るを要す。

以て往くべく、以て返り難きを、掛と曰ふ。掛形には、敵に備なければ、出でて之れに勝つ。敵に若し備あらば、出でて勝たず、以て返り難し、利ならず。

掛は実形を以て之れを言ふ。彼我の境、犬牙相錯れると、往くには降りて返るには升れるとなり。

我れ出でて利あらず、彼れ出でて利あらざるを、支と曰ふ。支形には、敵我れを利すと雖も、我れ出づることなく、引きて之れを去り、敵をして半ば出でしめて之れを撃たば利あり。

出づるや、彼我皆支ふ。今乃ち引きて之れを去る、是れ絶妙の手段。半とは、猶ほ「半渡」の半のごとし。

隘形には、我れ先づ之れに居れば、必ず之れを盈たして以て敵を待つ。若し敵先づ之れに居れば、盈つれば従ふことなかれ、盈たざれば之れに従へ。

両つの而の字、皆則なり。

険形には、我れ先づ之れに居れば、必ず高陽に居りて以て敵を待つ。若し敵先づ之れに居れば、引きて之れを去りて、従ふことなかれ。

隘は自ら隘、険は自ら険なり。然れども隘には険多く、険には隘多し。ここを以て二事多く似たり。隘・険と遠とには、曰ふ所以を謂はざるは、字面に自ら見えて、謂ふを費すを待たざればなり。

遠形には、勢均し、以て戦を挑み難し。戦へば利あらず。

勢とは、智愚強弱の類を言ふ。

凡そ此の六は、地の道なり、将の至任なり、察せざるべからず。」

以上は地形の正面なり。

故に兵には、走なるものあり、弛なるものあり、陥なるものあり、崩なるものあり、乱なるものあり、北なるものあり。

六形の外に、更に六敗あり。反つて故の字を以て之れに接す。将たる者、既に地を知れば、又人を知らざるべからざるの意を見得す。

凡そ此の六つの者は、天の災に非ず、将の過なり。

此の一小束ありて、文乃ち撓まず板（はん）ならず。此の篇、彼れと己れと地とありて、独り天に及ばず、反つて「天に非ず」の字を点して、暗に結語の「天を知る」を伏す。文の緻密なること此くの如し。

夫れ勢均しくして、一を以て十を撃つを走と曰ふ。

勝敗は原（も）と衆寡を以て論ずべからず。勢均しからざることあればなり。唯だ勢均しくして、乃ち衆寡を以て論じて可なり。

卒強く吏弱きを弛と曰ふ。吏強くして卒弱きを陥と曰ふ。

二者の優劣、未だ較べ易からず。唯だ弛は緩にして陥は急、皆済（すく）ふべからず。然れども治平の久しき、或は吏卒並びに弱きものあり、是れ復た何如せん。

大吏怒りて服せず、敵に遇へば、懟（うら）みて自ら戦ひ、将其の能を知らざるを崩と曰ふ。

大吏怒懟し、敵に遇ひて自ら戦ふは、将、其の能を知りて之れに任ずる能はざるに坐するなり。是れ安んぞ崩れざるを得んや。然れども是れ、大吏猶ほ其の人ありと為す。今は則ち亡（な）

し。夫れ崩は土崩に非ずんば、則ち瓦解の勢なり。

将弱くして厳ならず、教道明かならず、吏卒常なく、兵を陳ぬること縦横なるを乱と曰ふ。

是れ則ち将と吏卒と、皆其の人なし。正に今時の弊なり。一旦事あらば、大乱立ちどころに至らん。今幸に事なくして、乱形暫く伏す。危いかな。

将、敵を料ること能はず、少を以て衆に合し、弱を以て強を撃ち、兵に選鋒なきを北と曰ふ。兵の選鋒を貴ぶこと此くの如し。今日一将を得て、選鋒を之れに附せば、乃ち以て一戦すべきなり。是れ吾れの持論なり。六敗、第一項に「勢均し」と曰ひ、末に「敵を料る」と曰ひ、中の四項は、皆己れを以て言へり。

凡そ此の六つの者は、敗の道なり、将の至任なり、察せざるべからず。」

六形六敗は彼れを言はず、我れを言はず、只だ是れ空々に説き去る。両結、過整に似たり。

然れども前後十二項、一も併儷卑弱の態を見ず、春秋の文たる所以なるか。

夫れ地形は兵の助けなり。

一句、上文に照して下面を起す。

敵を料りて勝を制し、険阨遠近を計るは、上将の道なり。

二句、上は六敗に応じ、下は六形に応ず。上将とは、猶ほ上兵と言ふがごとし、能将を言ふなり。下面も亦皆上将の道なり。地の道、敗の道、将の道、戦の道、終始道を以て之れを貫く、其の義一なり。

此れを知りて戦を用ふる者は必ず勝ち、此れを知らずして戦を用ふる者は必ず敗る。

此れを知りてと、此れを知らずしてとは、上の二句を指して言ふ。戦を用ふは、作戦篇の語と同じ。

故に戦の道、必ず勝たば、主戦ふなかれと曰ふとも、必ず戦ひて可なり。戦の道、勝たずんば、主必ず戦へと曰ふとも、戦ふことなくして可なり。

戦の道は、亦上の二句を指す。戦の道に、勝つあり、勝たざるあり、将独り之れを知る、主の預る所に非ず。是れ孫子一生の持論なり。

故に進みて名を求めず、退きて罪を避けず、唯だ民を是れ保んじて、主に利あるは、国の宝なり。

此れ「上将の道」を結ぶ。下は其の本に原きて言ふ。主に利ありは以て上文を収め、民を保んずは以て下文を起す。過渡極めて円なり。

卒を視ること嬰児の如し、故に之れと深渓に赴くべし。卒を視ること愛子の如し、故に之れと倶に死すべし。厚くして使ふこと能はず、愛して令すること能はず、乱れて治むること能はざるは、譬へば驕子の如し、用ふべからず。」

深渓に赴くは、即ち始計（篇）の「危きを畏れざる」なり。倶に死すべしは、即ち「与に死生すべき」なり。嬰児・愛子は、即ち上の篇の「令文」なり。使ふと・令す・治むは、即ち「斉武」なり。一は正、一は反、議論乃ち全し。而して孫子の持論、頭々一貫、是れ以て六敗を救ふべきなり。愛子と驕子は、是れ対偶、反つて嬰児を陪し、又句法を変じて、乃ち奇文を成せり。

吾が卒の以て撃つべきを知りて、敵の撃つべからざるを知らざるは、勝の半ばなり。敵の撃つべきを知りて、吾が卒の以て撃つべからざるを知らざるは、勝の半ばなり。敵の撃つべきを知り、吾が卒の以て撃つべきを知り、而も地形の以て戦ふべからざるを知らざるは、勝の半ばなり。

此の節、上文を總結す。吾が卒撃つべしとは、嬰児・愛子の如くなるを言ふなり。敵撃つべからずとは、敵も亦此れを有するなり。敵撃つべしとは、六敗を言ふなり。吾が卒撃つべからずとは、吾れも亦此れを有するなり。終りにこれを地形に帰し、近くは「地形は兵の助けなり」の句に応じ、遠くは六形に応ず。六敗と将道とを縦論して、終に本篇の題目を失はず。

故に兵を知る者は、動きて迷はず、挙げて窮せず。

兵を知るとは、吾れと敵と地とを知るなり。知るは、始計の知の字の如し。王陽明の知行合一、宜しくここに於て之れを論ずべし。

故に曰く、彼れを知り己れを知れば、勝ち乃ち殆からず。天を知り地を知れば、勝ち乃ち全うすべし。

此れ韻語を用ひて、重ねて約して之れを結ぶ。

九地第十一

「死地に陥ればかえって生き延びる」

幕末日本の窮状を解く鍵が本篇にある

九地第十一では、空間的な変動について論じられる。もちろんこれは、雪崩や洪水で地形が変わるとか、土木作業で地形を変えるとかいう話ではない。そうではなく、彼我の駆け引きや将が軍を率いていくやり方によって、それぞれの場所の持っている意味が変化していくという議論である。

地形第十ですでに触れたように、地形第十は自然に存在する形を、九地第十一は両軍が対峙することで空間に生ずる勢を問題にする。

そして、松陰はこの九地第十一に幕末日本の窮状を解く鍵を見出して、独特の解釈を施す。通常は地味な章だと考えられているこの篇に、冒頭から非常に高い位置づけを与えていくのである。すなわち松陰によれば、九地第十一は孫子が極めて力を入れて用いたところであり、威風凜々たるものである。それは、孫子が呉王の前で、命令に服さなかった寵姫二人を斬り捨てた精神につながる。『孫子』十三篇のなかで、兵学の正法は始計第一に尽くされており、奇法は九地第十一に尽くされているのである、と。

《戦いを用いる法には、散地があり、軽地があり、争地があり、交地があり、衢地（くち）があり、重地があり、圮地（ひち）があり、囲地があり、死地がある。

諸侯が自国内で戦うものを、散地という。他国に侵入してまだ深くないものを、軽地という。こちらが得ると利があり、敵が得ても利があるものを、争地という。こちらが行くことができ、敵が来ることができるものを、交地という。諸侯の地が四方に続き、先に着けば天下の支持が得られるものを、衢地という。他国に侵入して深く、敵の城や村に囲まれているものを、重地という。山林や険しい地、沼沢など、進みにくい道を進むものを、圮地という。入る道は狭まり、引き返す道は曲がりくねって、敵の少数でこちらの多数を撃退するものを、囲地という。一気呵成に戦えば生き残るが、そうしなければ全滅するものを、死地という。

それゆえ、散地では戦ってはならない。軽地では止まってはならない。争地では（先に占拠できなければ）攻めてはならない。交地では分断されてはならない。衢地では諸侯と交わりを結べ。重地では掠奪せよ。圮地では通り過ぎよ。囲地では謀れ。死地では戦え》

松陰は、九地のうち八つまでもが、客戦（＝敵地で戦うこと）を指していることに注目する。そして、自国内で戦い、自軍が主であり敵軍が客となるものはただ一つ、散地のみであるが、孫子は散地では「戦ってはならない」といい、最後の死地では「戦え」といっている。意図的に安心する方をとらず、人を危険に陥れるやり方であって、これが孫子の底意であるとするのである。

日本を取り巻く状況と重ねながら九地を読み解く

では、九地それぞれについては、どのように考えれば良いのか。松陰は、日本を取り巻く状況と重ねながら、一つずつ読み解いていく。

散地については、世間が素晴らしいといっている「鎖国」こそ、散地のことであると捉えている。つまり、西洋列強が攻めてくれれば自国内で戦うことになるが、孫子のような見方では、自軍の兵士たちは近くにいる家族や仲間に危害が及んでいないかをつい案じてしまうし、よく見知った土地で独りでも行動しやすいために、散り散りバラバラになってしまうことになる。だから「散地」というのである。

どうすれば良いのか。松陰は、古来多くの学者が、散地では戦うことなく固く守れといっているが、正しくないという。孫子は本来、客戦（自国を出て、敵国に攻めこんで戦うこと）を良しとしたのであって、諸侯が自らの領土で戦うことは望ましくないから、戦ってはならないとしただけだというのである（固く守れといったのは後世の学者であって、孫子ではない）。守ることが目的となってしまうと受身になり、敵に主導権をわたすことになる。虚実第六などでも見てきたように、それでは戦いに勝てない。

松陰はいう、「もしやむをえないときには自ら戦うのである。戦うのでないなら、どうやって守るというのか」。

軽地や重地については、軽いとか重いとかいうのは兵士の心を表現したものであって、他国に侵入してまだ浅いとか、もう深いとかいうこととは直結しないと指摘する。また、孤立して補給も難しい重地では、孫子は「掠奪せよ」と論じているが、松陰は、敵から食糧や資材を奪うことでこちらの力を増す一策ではあるものの、常套手段にしてはならないと留保をつける。と同時に、訓戒にして、絶対にしてはいけないこととすべきでもない、とするのである。

作戦第二ですでに見たように、彼は、掠奪ということそのものに否定的であった。だから、補給や戦術上の効果、あるいは兵学者として臨機応変であることとのあいだで、葛藤を生じているのだといえる。孫子本人は、それほどこだわっているようには見えない。

争地や交地については、樺太（からふと）やオーストラリアが、争地であり、また交地にも当たるとしている。当時の状況を考えれば、ロシアやイギリスが日本の隙を窺おうとするなら、樺太やオーストラリアが途中の拠点となるから、そこを通ってやってくる交地であるといいえた。また、これらの土地はまだいずれも定まった主を持たないと考えられたので（西洋の法では、アイヌやアボリジニーの人々は、中央政府を持って統一国家を成しているとは見なされなかった）、争地であると捉えられたのである。

もともと松陰は、山鹿流兵学者として修業した少年時代から、西洋列強の東アジアへの膨張を、危機感を持って注視していた。初期の論策である一八四九年の「水陸戦略」のなかで、日本を取り囲むようにしてイギリスとフランスが西南から、そしてロシアが北から、それぞれ迫りつつあると捉えていたことと、ここでの争地・交地の認識とは、もちろんつながっている。

なお、「争地では（先に占拠できなければ）攻めてはならない」とあることについては、あくまで、先に陣取って準備を整えた相手を安易に攻めることを戒めたものであると指摘。虚実第六や行軍第九でもあったように、誘導してその場所から動かすべきであると論じる。

衢地については、四方に開けた土地であって三方に隣国があり、こちらが四つ目の国に当たると説明する。

圮地については、「山林や険しい地、沼沢など、進みにくい道を進むもの」（原文では「行山林険阻沮沢、凡難行之道者」）の「進む」（原文では「行」）が、十家註本にはあるが武経本にはないことに触れている。彼は、昔はない方が正しいと思っていたが、それでは進みにくい土地というだけ（＝形）でしかなく、「進む」を加えてやっと勢の問題になるのだと論じるのである。九地第十一で挙がっているのは、地形それ自体ではなく、あくまで彼我のあいだの勢なのだと。

囲地については、「入る道は狭まり、引き返す道は曲がりくねって」というが、これは互文表現であり（対句が互いに補い合えば完全な意味になるという修辞法）、入るときも引き返すときも道は狭くかつ曲がりくねっていて、時間がかかるということだと講釈している。死地については、九地のなかでこれにだけ形がないが、始計第一で地について説いたとき、遠近・険易・広狭をまず挙げて最後に死生を持ってきたのと同じ語法であるとする。松陰は、以上を総括して、九地というのはみな、時機を捉えて巧くそれを制することだと述べている。

「先んじて奪取する」ことこそが要諦

《古のいわゆる戦上手は、敵の前後の軍が互いに連絡できず、本隊と別動隊が互いに連携できず、将校と士卒が互いに救援せず、上の者と下の者が相容れず、士卒が離散して集まらず、軍を揃えても整わないようにした。こうして、自軍の有利になれば動き、不利ならば止まったのである。

ではあえて問う、敵が大軍で、軍容を整えて攻めてきたならば、これを待ち受ける方法はどうであろうか。答えていう、その大切にするところを先んじて奪取すれば、(主導権もこち

囲碁の「劫」

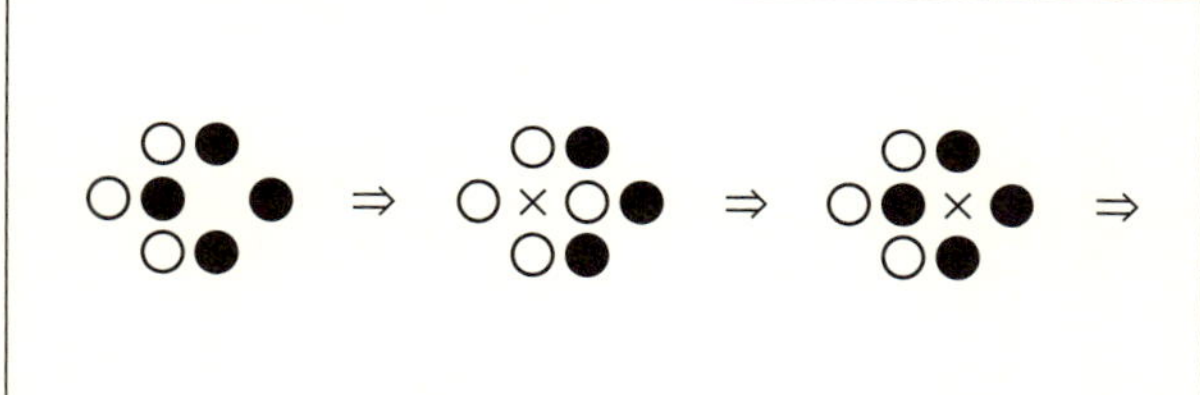

らのものとなり）思うままにできる。戦いの要諦とするところは、速さである。敵の態勢が整う前に思いも寄らない手を打ち、警戒していないところを攻撃するのである》

孫子は先に九地を一つ一つ論じたにもかかわらず、もうそのようなものにはこだわっていない、と松陰は読み取る。だから人は、その先を問わざるをえなかったのだが、答えである「先んじて奪取す」るということが九地第十一の骨子であると、彼は喝破するのである。

ところで、松下村塾での講読がこの箇所にさしかかったとき、一緒に『孫子』を読んでいた中谷正亮（なかたにしょうすけ）と富永有隣が口を揃えたという。「これは劫（こう）のことだ」、と。劫は、インド哲学で一つの世界が生成してから消滅するまでの永い時間を指すが（だから「永劫（えいごう）」などと熟語に用いる）、囲碁の世界では、相手の一目を交互にとることができ、将棋でいう千日手にも陥るので、ルールで禁止がかかる形のことである。二人とも囲碁ができたので、期せずして同じことに気づいたのであった。

松陰は、それに続けて中谷が笑っていった言葉を記録している。「劫すれば相手は必ず応じざるをえないといっているのは、こういう由であったか」と。つまり、ここで囲碁と『孫子』に共通しているのは、相手がどうであろうと、こちらの動きに応じざるをえないことがあるということ。そこで、たとえ優勢であろうと盤石に見えようと、隙をつくらせる方法が必ずあるという発想であった。

これを聞いた松陰の思考が、日本の危機の如何に向かったことは、いうまでもない。

――いま、対外的な脅威は大きく、人々はみな、大軍が陣容を整えて攻めくることを怖れるばかりである。こちらから「先んじて奪取す」る方策に出ることなど、考えもしない。かえって、一度そのような説を口にすれば、「狂」だと嘲る。ああ、いま国を治めている者たちは、見識が囲碁の本因坊の下ではないか（ただし、松陰は藩への意見書「狂夫の言」〈一八五八年〉そのほかでは、かえって自ら「狂者」たることを引き受ける。『論語』子路第十三にいうように、「狂者」は中庸（ちゅうよう）を得ない「過ぎたる人」であって、大きすぎるにせよ、志を持った人物だからである）。

戦いにおいては主導権をいかにとるかが極めて重要であり、だからこそ、速さがその要諦となる。それなのに、人々は「鎖国」して国外のことには目を向けず、国内に閉じこもってひたすら受身のまま何とかやりすごせないかと、根拠のない楽観にすがるばかりであるように、松陰には思えたのであろう。

彼は嘆息する、

——これらの議論を読んでも鎖国こそ最高の計だという者には、孫子その人が蘇（よみがえ）ったとしても諭してやれまい。

士卒たちに求める勇猛さ

《客戦（＝敵地で戦うこと）の方法であるが、深く侵入すれば（重地、死地となり）こちらは一致団結するが、主人（敵地の主人、つまり敵）は（散地になるので）対抗できなくなる。豊かな土地で掠奪して全軍の食糧を賄い、体力を養い疲労させず、士気を高め戦力を蓄え、軍を動かし策をめぐらし、敵から測り知れないようにするのである。

軍を行き場のないところに投ずれば、死んでも逃げられない。必死で戦えば勝利を得られないはずもなく、だから全軍力を尽くして戦うことになる。士卒は絶体絶命に陥ればかえって怖れないし、行き場がなくなれば覚悟が固まり、深く侵入すれば結束し、やむをえなければ命じずとも戦う。

だから、このような軍は、教えなくても戒め、求めなくとも力を出し、約束しなくとも協力し、命令しなくとも秩序を守る。怪しげな占いを禁じ、疑念を除けば、死ぬまで専念する。我が軍の士に余分な財産がないのは、財貨を嫌うからではない。生に執着しないのは、長寿を嫌うからではない。決戦の令を発するとき、士卒の座っている者は涙が襟を濡らし、横たわっている者は涙が顔中を伝う。この士卒たちを行き場のないところに投ずれば、専諸（せんしょ）や曹沫（そうかい）のような勇猛さを見せるのである》

松陰はこれを、作戦第二の後半と併せて読む。つまり、「敵に勝って強を増す」のくだりを実行したものとして読解するのである。

専諸は呉の人。紀元前五一五年、伍子胥（ごししょ）の依頼を受け、衛兵の槍に貫かれて絶命しながらも、呉王・僚の暗殺を果たした。彼の働きを受けてクーデターが成功し、闔閭（こうりょ）が次の王に即位する。専諸の勇猛がなければ闔閭は王にならず、孫武が見出されることもなかったかも知れない。

曹沫は魯の人。紀元前六八一年、斉に敗れた魯が和議を結ぶ際、居並ぶ群臣の前で斉の桓公に匕首（あいくち）を突きつけて脅迫し、奪った城の返還を認めさせたと伝えられる。

事の是非は別として、二人とも、勇者として名高い人物であった。率いた士卒たちを追いこむことで、すべての人間が彼らのような勇者と化して戦う、というのが孫子の論である。

ここに、松陰は、紀元前二〇二年の垓下の戦いで、楚の項羽が見せた最後の奮戦の例を付け加えている。『史記』の項羽本紀は、彼の愛読するところであった。敗亡の事例ではあるが、「力は山を抜き、気は世を蓋う（力は山をも動かすほど強く、気迫はこの世を蓋い尽くしてしまうほど大きい）」と虞美人に詩を贈り、囲みを破って鬼神のごとく漢軍を蹴散らした勇猛は、歴史に名高い。松下村塾の弟子たちならずとも、よく聞いた話であっただろう。

専諸も曹沫も項羽も、あまり『孫子』にふさわしい事例ではないようにも思われるが、ここでの主題は純粋に勇猛さ、しかも、士卒たちに求めるそれなのだから、間違ってはいない。

ひとたび死地に投ずれば、剛強な者も柔弱な者もみな働きを得る

《戦上手にかかれば、譬えていえば率然のようになる。率然は、常山の大蛇のことである。その頭を攻撃しようとすれば尾が助けにくる。その尾を攻撃しようとすれば頭が助けにくる。胴体を攻撃しようとすれば頭と尾が助けにくる。

では問う、軍を率然のようにならしむことはできるのか。答えていう、できる。呉人と越人は憎しみあっているが、同じ舟に乗り合わせて河を渡るときに大風に遭遇すれば、左右の手のように助けあうものである。
戦車を引く馬を繋ぎ止め、戦車の車輪を土に埋めても、逃げ出す者は出る。全軍が揃って勇猛になるのは、教え導く道のためである。剛強な者も柔弱な者もみな働きを得るのは、地理的な理のためである。戦上手が全軍を、手を携えて一人の人間を使うかのようにさせられるのは、そうなるよりほかやむをえなくするからである》

松陰は、密航に失敗した後、師・佐久間象山の言を受けて記した一八五四年の『幽囚録』では、日本全国を率然のようにする術はないかと問うていた。列島を、蝦夷から対馬・琉球に至る、長さ千里、幅百里の大きな蛇に見立ててのことである。これはまだ、彼にとって未解決の問いであった。

また、始計第一で、あるべき道が兵学的に「ともに死に、ともに生きるべくして、危険を恐れさせない」ものとして説かれていることを重視した松陰は、軍形第四では「道を修めて法を保つ」ことを軍の形の基礎としたし、行軍第九や地形第十でも、それぞれ道と結びつけて考えた。その彼にしてみれば、呉越同舟の譬えは、いかにも恃むべくもない論理として映りかねなかったといえる。正しい政治を行い、大義名分を持つことによって、人々は心を合わせて戦うのではなかったのか。窮地に陥れば誰でも助けあうということで構わないのか。しかし彼は、そこにこだわるべきではないと述べている。

その結果、日本全国を率然のようにするためには、正しい道を追求するということに加えて、人々が率然のようになるよりほかやむをえなくするということも有効である、という論理が可能になってくる。あるべき道をここでは顧みないかのように、彼はいう。

——ひとたび死地に投ずれば、剛強な者も柔弱な者もみな働きを得るのは、自然の理である。

自らやるのでなければ、誰も信じてくれはしない

ただし、次に見るように、そのためには将自らが率先してやむをえない状況に陥る必要があると、松陰は考える。士卒だけを死地に追いこむのではなく、むしろ指導者が先駆けることで、道の正しさと味方たる士卒に術策を施す（ある意味では、騙す）こととのあいだの、倫理的な齟齬が埋められるという面も、そこにはあろう。

《将たる者の仕事は、静かで奥深く、平らかで乱れないようでなければならない。士卒の耳目をくらませ、何をするか知られないようにする。計画は変えていき、策は新しくし、人々に察知されないようにする。居場所を変え、まわり道をとり、人々に推し量られないようにする。先んじ、任を与えるときは、高い場所に登らせた後で梯子を取り去るようにする。率先して敵国深く侵入し、行動するときには、羊の群れを駆るように行き来させ、どこへ行くか知らせない。全軍を集め、危険な場所に投ずるのは、まさしく将たる者の仕事である。九地の変、屈伸の利、人情の理を、洞察しなければならない》

最後の「九地の変」は、九地それぞれに応じて対処することである。

「屈伸の利」についてはここでは特に記していないが、すでに、『孫子評註』と並ぶ松陰の主著であり、『孟子』を講じた『講孟余話』（一八五六年）や、それに先立つ『獄舎問答』（一八五五年）で論じている。すなわち、『孟子』の梁恵王上第五章で、国を取り囲む秦・楚・斉といった大国から圧迫される現状から挽回する策を問うた梁（魏）の恵王に対して、孟子は「仁者は敵なし」と、軍備ではなく内政の充実を説いた。

松陰は、この孟子の答えに賛同する。とともに、兵学の屈伸の利からすれば、強固な覚悟の下に屈して退き、仁政を施して結束を固め、耐え忍んで力を蓄えてから、一伸すれば良いとしたのである。

むろんこれは、軍備不要論などではない。日米和親条約が結ばれて戦いの機が良くも悪くも去った後、いたずらに軍備で浪費してしまうのではなく、日本の改革と国力の充実を優先するように説くものであった。

ともあれ、九地第十一のこのくだりで松陰は、将が「静かで奥深」ければ人々は推し量れないし、「平らかで乱れな」ければ人々は分を侵すことができないと指摘する。さらに、「計画は変えていき、策は新しく」すること、「居場所を変え、まわり道をと」ることは、士卒をくらませる術であるが、本当に大事なのは「先んじ」「率先して」行うことにあると論じる。そうでなければ、士卒は愚直に従ってはくれない、と。

彼は、その例として、鄧艾（とうがい）や李愬（りさく）といった名将の例を挙げている。鄧艾は、三国時代の魏の将で、司馬懿（い）やその子司馬師・司馬昭の下で活躍した人物。二六三年、軍を率いて陰平道から道なき道、危険な嶮山深谷を率先して進み、蜀漢を滅ぼしたことで知られる。李愬は唐の将。八一七年、自ら少数精鋭を率いて風雪の夜を長駆（ちょうく）し、手薄になっていた反乱軍の本拠地を奇襲して敵将を生け捕った。

松陰は指摘する。

――自らやるのでなければ、人々と一緒にやるのでなければ、誰も信じてくれはしない。戦争にもそれは当てはまる。

なお、これよりさき、『講孟余話』梁恵王下第十二章でも彼は、将たちが士卒に先んじて、強固な敵に対してまっしぐらに突き進んでいったことが、古くから名将の勝つゆえんであると論じている。そのようなときに士卒が将を守るために付き従ってくれるかどうかが、人としての道を正しく歩んできたかによると考えるわけである。

先には、いったんはあるべき道を顧みないかのようであった松陰であるが、結局、士卒を死地に投ずるためにも道が大事になるのであった。

心を一つに、逃げ道を塞ぎ、決死の覚悟を示す

《客戦の方法であるが、深く侵入すれば士卒は一致団結するが、浅ければ逃げ散りやすい。自国を出て国境を越え、出兵すれば絶地である。四方に通じるものを衢地という。侵入して深いものを重地という。侵入して浅いものを軽地という。背後が険しく、前方が狭まっているものを囲地という。行き場のないものを死地という。

それゆえ、散地では、私はまさに自軍の心を一つにさせようとする。軽地では、私はまさに軍を連ねてよく連絡させようとする。争地では、私はまさに敵の後方に回りこもうとする。交地では、私はまさに厳重に守ろうとする。衢地では、私はまさに諸侯との結びつきを

固めようとする。重地では、私はまさに食糧を絶やさないようにしようとする。圮地では、私はまさにすぐ通過しようとする。囲地では、私はまさに自軍の逃げ道を塞ごうとする（軍争第七にもあるように、包囲した側は逃げ道を開けることで、囲まれた側の抗戦意思を殺ごうとするから）。死地では、私はまさに決死の覚悟を示そうとする。兵士は、囲まれれば抵抗し、やむをえなければ戦い、危うきに過ぎれば指揮に従うものである。

それゆえ、諸侯の謀を知らなければあらかじめ交渉できないし、山林・森林・沼沢などの地理を知らなければ行軍できないし、道案内を用いなければ地形の利を得ることはできない。

このうち一つでも知らないことがあっては、覇者・王者の軍ではない》

絶地については、松陰が前提とする『孫子国字解』では、九地のうち散地を除く八地を総称したものとする。彼自身は特に説明を加えていないが、いずれにせよ、このあたりのくだりは錯簡があるに違いないから、無理に解釈しない方が良いと述べている。

実際、「自国を出て国境を越え」から「行き場のないものを死地という」までの文章はなくても構わないし、なければ「客戦の方法であるが、深く侵入すれば士卒は一致団結するが、浅ければ逃げ散りやすい」「それゆえ、散地では、私はまさに自軍の心を一つにさせ」ると、特に問題なくつながる。あるいは、本来であれば、このあたりはまとめ直した方が良いのかも知れない。また、すでに見たように、「それゆえ、諸侯の謀を」から「地形の利を得ることはできない」までは、軍争第七に既出である。

松陰はまた、「散地では戦ってはならない」というけれども、やむをえず戦うときには「自軍の心を一つにさせ」て戦うのだ、と念を押す。争地についても、敵が先に占拠している場合は安易に攻めてはならないが、放っておくわけにはいかない場合には、敵の後方（糧道など）との連絡を絶てば良いと、これも念を押している。

日本が「鎖国」という散地の状態にあり、周りに樺太やオーストラリアのような争地があると捉えていた松陰にとっては、この二つの指針は切実であった。最後の「このうち一つでも知らないことがあっては、覇者・王者の軍ではない」の一文を受けてさらに、なかでも重要なことは、「心を一つにさせ」、「逃げ道を塞」ぎ、「決死の覚悟を示」すことだと強調するのである。

死地に陥れることでかえって生き延びさせることができる

《覇者・王者の軍がほかの大国を討つときには、恐れて敵軍は集まらず、ほかの国と手を組むこともできない。それゆえ、天下の外交を争い、天下の権勢を集めることがなくとも、自国の兵威だけで敵を圧倒し、その城を落とし、その首都を落とすことができる。

破格の褒賞を行い、特別な政令を発して、全軍を、あたかも一人を使うかのように思い通りに動かすようにする。具体的な命令だけ出し、理由を説明してはならない。利のあるところを示して、危険を説明してはならない。これを亡地に投じることでかえって生き残らせることができ、これを死地に陥れることでかえって生き延びさせることができる。軍勢を危険に陥れることではじめて、勝敗を決することができるのである。

戦いを指揮するには、敵の意図に乗せられたふりをしながら、機を捉え、集中した兵力で敵を攻めることである。そうすれば、千里の彼方に敵将を討ち取ることもできる。これが巧みに事を成し遂げるということである。出陣の日、関所を封鎖し割符(わりふ)を廃棄し、使者の通行を止めて内外の連絡を絶ち、廟堂（朝廷）で軍議を凝らし、軍のこと一切を掌握する。敵に隙があれば素早く侵入し、その大切にするところを秘かに優先目標と狙い定め、兵学の定石に従ったり、敵の出方に応じて作戦を修正したりするのである。そのように、始めは処女（未婚で実家にいる女性）のように大人しくして敵を油断させ、後から脱兎（逃げる兎）のように迅速に行動すれば、敵は防ぐことができない》

『幽囚録』の有名な一文、「水が流れるのは自ら流れるのである。樹木が立っているのは自ら立っているのである。国が存するのは自ら存するのである。どうして外に待つ（恃む）ことがあろうか」云々にあるように、松陰には、自分の国は自分の国の力で存立していなければならないという確信があった。だから、「天下の外交を争い、天下の権勢を集めることがなくとも、自国の兵威だけで敵を圧倒」するという一節は、彼に、ここでの要点を捉えた言葉として響いたのである。

歴史的な環境の違いもあって、松陰は、蘇秦や張儀のような合従連衡を説いた縦横家（遊説家）たちの活動を、見下すべき徒労とさえ称して憚るところがない。同盟など、自国がしっかりしていなければあてにならないというのが、彼の考え方であった（『野山獄文稿』、一八五五年）。

それに対して、松陰が賞讃の念を隠さないのが、韓信である。

――孫子はいう、「これを亡地に投じることでかえって生き残らせることができ、これを死地に陥れることでかえって生き延びさせることができる」。韓信はこの句から力を得た、いうまでもなく孫子の奥義である。

韓信の「背水の陣」が、ここにおける議論の半ば代名詞のようになることは、論を俟たない。

篇末で松陰は、九地第十一は、かえって九地にこだわるものではないと喝破する。ただ人を危険に陥れることでかえって活路が開けるということが大事であるだけであり、結果、率然のようになるのだと。

ただし、そのためには、誰かが率先して自ら死地に陥らなければならない。どうすれば日本全国を率然のようにできるのかという『幽囚録』での問いへの、それが答えであった。

『孫子評註』九地第十一・読み下し文

九地第十一

是の篇は、孫子の大活用、大機関、威風凜々、以て其の二姫を斬りし時を想見すべし。是れ寧んぞ正視すべけんや。十三篇中、正は唯だ始計、奇は唯だ九地、皆意を用ふるの文なり。

孫子曰く、兵を用ふるの法、散地あり、軽地あり、争地あり、交地あり、衢地あり、重地あり、圮地あり、囲地あり、死地あり。

八地は皆客戦の道なり。其の主を以て之れを言ふものは、唯一の散地のみ、下文に乃ち曰く、「戦ふなかれ」と。之れを終ふるものは死地なり、乃ち曰く、「則ち戦へ」と。肯へて自ら寧処せずして、人を険に陥る。孫子の意、見るべきなり。

諸侯自ら其の地に戦ふものを、散地と為す。

世方に鎖国を以て至計と為す。余謂へらく、是れ散地なりと。

人の地に入りて深からざるものを、軽地と為す。

軽と曰ひ重と曰ふは、人心を言ふなり、地の浅深を言ふに非ず。

我れ得るも亦利あり、彼れ得るも亦利あるものを、争地と為す。我れ以て往くべく、彼れ以て来るべきものを、交地と為す。

唐太・豪斯多辣利の如きは、亦争地にして、亦交地なり。

諸侯の地、三属し、先づ至りて天下の衆を得るものを、衢地と為す。

衢は是れ三属の形、先づ至り以下は、乃ち其の勢、亦其の策なり。衢は四通の地、三属は皆諸侯にして、吾れ更に其の一に居り。

人の地に入ること深く、城邑を背にすること多きものを、重地と為す。

散と曰ひ、軽と曰ひ、争と曰ひ、交と曰ひ、重と曰ふ。皆一層を透過して言ふ。上篇の六敗と、語を措くこと粗ぼ似たり。古文の字々紙上に立つ処、ここに於て之れを見る。

山林・険阻・沮沢、凡そ行き難きの道を行くものを、圮地と為す。

或は句の首の行の字なし。余初め以て是と為す。今にして之れを思へば、圮は是れ行き難きの形、行の字を著けて乃ち勢を為す。九地の目、皆勢を以て言ふ。唯だ衢の如き、圮の如きは、亦形に似たり。蓋し古文の拘らざるなり。

由りて入る所のものは隘く、従りて帰る所のものは迂く、彼れ寡にして以て吾れの衆を撃つべきものを、囲地と為す。

隘くと迂くとは互文、入るも帰るも皆隘くして迂きなり。或は両道にして、一つは隘く一つは迂きも、亦時に之れあり。

疾く戦へば則ち存し、疾く戦はざれば則ち亡ぶるものを、死地と為す。

八地皆形あり。唯だ死地には則ち之れなし。始計に地を言ふや、遠近・険易・広狭を先にし、死生を以て終ふ。正に相似たり。

是の故に、散地には則ち戦ふことなかれ。

古来多く「戦ふなかれ、宜しく固守すべし」と言ふ。余謂へらく、孫子の本意は客戦に在り、諸侯自ら其の地に戦ふを欲せず、戦ふなかれと説く所以なり。若し已むことを得ずんば自ら戦ふ、戦ふに非ずんば、何を以て守りを為さんや。

軽地には則ち止まることなかれ。争地には則ち攻むることなかれ。

敵已に争地に拠れば、宜しく引きて之れを去るべし、輙く攻むべからざるを言ふ。此の一句、上下の数句と、語勢稍や別なり。

交地には則ち絶つことなかれ。衢地には則ち交を合せ、重地には則ち掠めよ。則ち掠めよとは、亦糧に因り威を加ふるの一策、然れども常とすべからず、亦訓とすべからず。

圮地には則ち行き、囲地には則ち謀り、死地には則ち戦へ。」

以上は本篇正面の議論、自ら一段を為す。凡そ九地の事、皆時に因りて宜しきを制す。ここを以て之れを変と謂ふ。

古の所謂善く兵を用ふる者は、

以下大転換、先づ九地を脱して、更に一議を起す。

能く敵人をして、前後相及ばず、衆寡相恃まず、貴賤相救はず、上下相収めず、卒離れて集まらず、兵合して斉しからざらしむ。

能使の字、領してここに至り、敵を股掌に弄すること是くの如し。

利に合すれば動き、利に合せずんば止む。

是れ寧んぞ区々たる九地の能く拘する所ならんや。両つ(ふた)の而の字は則(すなはち)なり。

敢へて問ふ、敵、衆整にして将に来らんとす、之れを待つこと若何(いかん)。曰く、先づ其の愛する所を奪へば則ち聴く。

上文、大声喝破して九地を抹殺し、或る人をして敢へて問はざるを得ざらしむ。敵已に衆にして且つ整、駸々として来り迫る。其れ何を以て之れを待たん。○先奪の二字、一篇の骨子なり。賓卿・有隣は皆碁を知れる者なり。余講解してここに至りしとき、均しく曰く、「是れ劫(こふ)なり」と。賓卿笑ひて曰く、「劫すれば必ず聴くと称するは、是れ其の由か」と。今外夷の勢、人皆其の衆整にして将に来らんとするを畏れ、而して先づ奪ふの計に出づるを知らず。或は一たび之れを言へば、輒(すなは)ち嘲りて狂と為す。噫、今の国を経(をさ)むる者、其の識乃ち本因坊の下に出づるか。

兵の情は速きを主とす。人の及ばざるに乗じ、不虞の道に由り、其の戒めざる所を攻むるなり。」

是れ重ねて「先づ奪ふ」の余意を説く、「古の所謂」を連ねて一段と為す。是れ等の議論を読めば、猶ほ鎖国を以て至計と為す者は、孫子復(ふたた)び生ると雖も、終に諭すべからざるのみ。

凡そ客となるの道は、深く入れば則ち専らにして、主人克たず。

始めて為レ客の二字を点出し、前後皆動く。深入則専の四字は、客となるの要領なり。

饒野に掠むれば、三軍食を足らしむ。謹み養ひて労することなく、気を并せ力を積み、運兵計謀して、測るべからざるを為す。

応に作戦と併せ観るべし。字々深妙著実なり、放過すべからず。測るべからざるは、則ち亦九天九地の謂なり。

之れを往く所なきに投ずれば、死すとも北げず。死すれば焉んぞ得ざらん、士人力を尽す。兵士、甚だ陥れば則ち懼れず、往く所なければ則ち固く、入ること深ければ則ち拘り、已むを得ざれば則ち闘ふ。是の故に其の兵、修めずして戒め、求めずして得、約せずして親しみ、令せずして信あり。

「往く所なし」、「甚だ陥る」、「入ること深し」は、皆「深く入る」より衍べ来る。「北げず」、「懼れず」、「則ち拘る」、「則ち闘ふ」、「戒め」、「得」、「親しみ」、「信あり」は、皆「則ち専ら」より衍べ来る。陪説の妙、捉摸すべからず。

祥を禁じ疑を去れば、死に至るまで之く所なし。

祥は人の欲する所、而も且(な)ほ之れを禁ず。疑は人の已むを得ざる所、而も且(な)ほ之れを去る。猶ほ軍事を以て諫むるものは斬ると言ふがごとし。

吾が士余財なきは貨を悪むに非ず。余命なきは寿を悪むに非ず。

財貨寿命、皆顧みる所に非ざるなり。

令発するの日、士卒、坐する者は涕襟を沾(うるほ)し、偃臥する者は涕頤(おとがひ)に交はる。

士卒に必死を示せば、一も還心なし。文情絶えんと欲す。

之れを往く所なきに投ずれば、則ち諸劌(しょけい)の勇なり。」

激昂し得て好し。項羽垓下の事を面(まのあた)り見るが如し。而も皆「深く入れば則ち専ら」の意に過ぎず。又自(オ)ら一段。

故に善く兵を用ふる者は、譬へば率然の如し。

「深く入れば則ち専ら」の句を承けて、率然の二字を拈出し、開法を作(な)す。開法奇絶なり。

率然は常山の蛇なり。其の首を撃てば則ち尾至り、其の尾を撃てば則ち首至り、其の中を撃てば則ち首尾倶に至る。

譬喩的切にして、千古人口に膾炙す。「率然は常山の蛇なり」とは何等の敏妙ぞや。

敢へて問ふ、率然の如くならしむべきや。曰く、可なり、夫れ呉人と越人とは相悪めども、其の舟を同じうして済つて風に遇ふに当りては、其の相救ふや、左右の手の如し。

復た一譬喩を出して、愈〻的、愈〻切。舟を同じうし風に遇ふは、始計（篇）の道の解と大いに異なり。迂拘の説を作すことなかれ。

是の故に、馬を方べ輪を埋むとも、未だ恃むに足らざるなり。

唯だ舟は方ぶべし、馬豈に方ぶべけんや。輪は転ずべきのみ、豈に埋むべけんや。且つ馬輪をして方埋せしむとも、寧んぞ恃むに足らんや。

勇を斉しくすること一の如きは、政の道なり。

人既に専一ならば、則ち勇者も独り進むことを得ず、怯者も独り退くことを得ず。此れ軍政の説なり。此の句は是れ客。

剛柔皆得るは地の理なり。

一たび死地に投ずれば、剛者柔者、皆其の用を得るは、自然の理なり。此の句是れ主。

故に善く兵を用ふる者は、手を携ふること、一人を使ふが若し。已むことを得ざればなり。」

諸家の解、多くは若の字を以て、「手を携ふ」の上に加へて説く。○「已むことを得ざればなり」の一句は、上段の「則ち専ら」の意を闔づ。一開一闔、又一段と為す。

将軍の事は、静かにして以て幽に、正しくして以て治まる。

将に士卒を愚にすと言はんとし、上の「善く兵を用ふる」を承け、因つて「将軍」を点出せり。他の突ならず凡ならざるを看よ。静幽は人測る能はず、正治は人犯す能はず。

能く士卒の耳目を愚にして、之れをして知ることなからしめ、其の事を易へ其の謀を革めて、人をして識ることなからしめ、其の居を易へ其の途を迂にして、人をして慮ることを得ざらしむ。

事を易へ謀を革め、居を易へ途を迂にするは、皆士卒を愚にするの術なり。然れども其の妙は、反つて下の二つの帥の字に在り。

帥之れと期すれば、高きに登りて其の梯を去るが若し。帥之れと深く諸侯の地に入れば、其の機を発すること、群羊を駆るが若し。駆りて往き、駆りて来り、之く所を知るものなし。

二つの帥の字は、先だち率ゐるの謂なり。是れに非ずんば、以て士卒を愚にすることなし。鄧艾・李愬の輩、皆此の字を用ひて以て功を成せり。躬づからせず、親しくせずんば、庶民信ぜず。兵事と雖も亦然り。○以上韻語を用ふ。

三軍の衆を聚めて、之れを険に投ずるは、
　九字は一段の着落なり。

此れ将軍の事なり。

　結束の語なり。

九地の変、屈伸の利、人情の理、察せざるべからず。」

　三句、上文九地の変を括尽し、又以て下の段を伏す。人情は即ち兵情なり。「深く入れば則ち専ら」とは、大いに屈して以て大いに伸びんことを求むるなり。

凡そ客となるの道は、深ければ則ち専らにして、浅ければ則ち散ず。

　再び九地の変を言はんと欲し、先づ深浅の二句を安く。

国を去り境を越えて師するものは、絶地なり。四達するものは、衢地なり。入ること深きものは重地なり。入ること浅きものは軽地なり。背は固にして前は隘なるものは囲地なり。往く所なきものは死地なり。

　是れ当に次に因りて復た九地を列するなるべし。文必ず錯誤あらん、強解を生すなかれ。

是の故に、散地には吾れ将に其の志を一にせんとす。

散地には戦ふことなしと雖も、已むを得ずして戦ふには、宜しく志を一にして之れに戦ふべし。

軽地には、吾れ将に之れをして属せしめんとす。争地には、吾れ将に其の後に趨かんとす。

敵已に争地に据る、固より輒く攻むべからず。然れども棄てて去らば、或は不可なることあらん。其の後に趨きて之れを絶つ。

交地には、吾れ将に其の守りを謹まんとす。衢地には、吾れ将に其の結びを固くせんとす。重地には吾れ将に其の食を継がんとす。圮地には、吾れ将さに其の途を進まんとす。囲地には、吾れ将に其の闕を塞がんとす。死地には吾れ将に之れに示すに活きざるを以てせんとす。

再び九地の変を言ふ、ここには皆「吾将」を以て之れを言ふ、更に痛切なるを覚ゆ。

故に兵の情は、囲まるれば則ち禦ぎ、已むことを得ざれば則ち闘ひ、過ぐれば則ち従ふ。

此の句、明かに上の深浅の二句に応ず。

是の故に、諸侯の謀を知らざる者は、預め交はる能はず、山林・険阻・沮沢の形を知らざる者は、軍を行る能はず、郷導を用ひざる者は、地の利を得る能はず。

三句、已に軍争篇に見えたり、此れ必ず衍文ならん。○按ずるに、劉向、書を校す、簡に二十五字のものあり、二十二字のものありと。余謂へらく、一箇必ず語を成す、必ずしも字数に拘らず、此の書及び論語・武成等の錯簡を観て見るべし。是れ無用の談なりと雖も、類に触れて漫りに及ぶのみ。

四五の者、一も知らざれば、覇王の兵に非ず。」

四五は、曹公以来謂ひて九地と為す、是なり。但し四五知らずとは、婉にして之れを言ふ。其の実は重に「志を一にす」、「闕を塞ぐ」、及び「活きざるを示す」の数語に在り。

夫れ覇王の兵は、

上の「古の所謂善く兵を用ふる者」に応ず。

大国を伐てば、則ち其の兵聚まるを得ず、威、敵に加はれば、則ち其の交り合するを得ず。

「聚まるを得ず」、「合するを得ず」は、即ち上の「相及ばず」、「相恃まず」、「相救はず」、「相収めず」、「集まらず」、「斉しからず」にして、「率然の首至り尾至る」と正に相反す。是の故に、天下の交りを争はず、天下の権を養はず、己れの私を信じて、威、敵に加はる。故に其の城抜くべく、其の国隳るべし。

「己れの私を信ず」の一句、要言なり。是れを以て蘇張の輩を下視すれば、往来徒らに其の煩を見るのみ。

無法の賞を施し、無政の令を懸け、

又一波を作し、士卒を顚倒して之れを死亡に投陥す。

三軍の衆を犯ふること一人を使ふが若し。之れを犯ふるに事を以てし、告ぐるに言を以てすることなかれ。之れを犯ふるに利を以てし、告ぐるに害を以てすることなかれ。之れを亡地に投じて然る後存し、之れを死地に陥れて然る後生く。

韓信、力を此の二句に得たり。固より亦孫子の精蘊なり。

夫れ衆、害に陥りて然る後能く勝敗を為す。

害の字は上の死亡を結ぶ。是れ亦将軍の事なり、静にして幽なりと謂ふべし。

故に兵を為すの事は、敵の意を順詳するに在り。力を并すこと一向にして、千里将を殺す、是れを巧能く事を成すと謂ふ。

此の節は是れ敵に対して言ふ。順詳と巧能とは、即ち下の「始めは処女の如く」なり。蓋し「害に陥るる」上より来る。

是の故に政挙ぐるの日、

猶ほ「令発するの日」と言ふがごとし。以下全篇の結尾なり。

関を夷(やぶ)り符を折り、其の使を通ずることなく、廊廟の上に励(はげ)まして、以て其の事を誅(せ)む。敵人開闔せば、必ず亟(すみや)かに之れに入り、其の愛する所を先にして、微(ひそ)かに之れと期し、墨を践み敵に随ひて、以て戦事を決す。是の故に始めは処女の如くにして、敵人戸を開き、後には脱兎の如くにして、敵拒ぐに及ばず。

亦韻語を用ふ。〇精を廊廟に励まして、以て軍事を誅め治む。軍事已に定まりて、乃ち内外を絶ち、敵に動静あらば、吾れ随ひて之れに乗ぜしむ。先づ敵の愛する所を察し、潜かに往きて期に赴き、或は縄墨を践遵し、或は敵に随ひて変化す。之れを要するに、始めにしては処女、終りにしては脱兎、測度すべからず、其れ猶ほ捉摸すべけんや。〇九地篇、反つて九地拘するに足らず、唯だ人を険に陥れて乃ち可なるを言ふ。率然の如きのみ、何等の跌宕(てつたう)ぞや。

火攻第十二

何を「慎み」「戒める」のか

非科学的な記述にとらわれては兵学者ではない

テキストによっては、火攻第十二と用間第十三とで順番が入れ替わっている場合があり、火攻の方を第十三——最後の篇——として伝えているものもある。確かに、この篇は火攻と水攻の説明の後、末尾で戦争の一般論、費用対効果や危険性の話を改めて説き、全篇をまとめているようにも読める。こちらが全巻の末尾であっても、必ずしもふさわしくないことはない。

しかし、『孫子評註』では火攻を第十二に置いているし、巻首で触れたように、山鹿流兵学の祖・山鹿素行が、始計第一と用間第十三とで首尾が揃っていると論じており、捉え方として有意義でもある。ここではこれ以上こだわらず、通例通り、火攻を第十二として扱いたい。

松陰はこの篇の末尾の議論を、戦争一般をなるべく避けるという説とは見なさず、あくまで火攻の類に限った問題を扱ったものと解釈している。そうだとすれば、火攻を第十三とすべき妥当性はさらに下がるのである。

松陰の理解では、火攻とは、火を用いて攻撃を助けるものである。

——孫子の兵論の重要な点は九地第十一で究められており、それに対して、火攻は用兵中の一方策にすぎない。火攻を挙げ、それに水攻も加えて、戦いに対する考え方を広げているのである。用兵の策はさまざまで、万に及ぶ。火攻・水攻のほかは推して知るほかない。

彼が、火攻は策の一つにすぎないとしていることと表裏になるが、孫子が活躍した時代まではまだ、火攻を効果的に用いた戦いの例はあまり見られない。少なくとも孫子は、火攻の被害がときに甚大になることは踏まえながらも、必ずしも有効なものであるとは考えなかったかも知れないのである。

《火攻には五種類ある。一にいわく「火人」(兵営に火を放って敵兵を焼く)、二にいわく「火積」(野外に集積された物資を焼く)、三にいわく「火輜」(物資を運ぶ輜重隊を焼く)、四にいわく「火庫」（物資を置いた倉庫を焼く）、五にいわく「火隊」（諸説あるが、「火墜」あるいは「火隧」の間違いで、桟道やトンネルを焼く意か）。

火を用いるには条件がある。道具を事前に準備しておかなければならない。火をつけるには適した時があり、火を放つには適した日がある。時は、天気の乾燥したときが良く、日は、月が天球の箕宿（古代の星座で、トレミーの四十八星座でいう射手座）か壁宿（同じく馬座とアンドロメダ座）か翼宿（同じく酒器座と蛇座）か軫宿（同じく烏座）にある日が良い。およそこの四つの宿にあるのが、風の起こる日である》

松陰は、火攻の五種類には特に説明がないことに注目する。それは、地形第十の六形や九地第十一での書き方とは異なっているが、もとより字義が明白で説明する要がないからだという。それに対して、時と日には註釈が加えられている。その文章は「日は、月が天球の箕宿か壁宿か翼宿か軫宿にある日が良い。およそこの四つの宿にあるのが、風の起こる日である」と不可解であるが、ここは「風が起こる」という条件が大事であって、四つの宿には目を奪われなくて良いとする。『詩経』や『書経』には、星には風や雨を好むものがあるなどと書かれているが、そんなことにとらわれては兵学者ではない、と。

要するに、非科学的な記述に目をくらまされなければ、天気が乾燥して、風の起こることを条件とし、道具を事前に準備しておくというのが、火攻の要点だというわけである。松陰は、いまの大砲とは同日の論ではないが、こうした条件を待たないのは砲術を知って兵学を知らない者であり、事前の準備をしないのは兵学を知って砲術を知らない者であって、きちんと両方を踏まえて初めて効果を発揮するとしている。

『孫子』の平和主義的解釈は正しいか？

《火攻というものは、必ず五火の変化に対応しなければならない。（内通者の働きで）火が敵の内部からついたら、ただちに外側から攻める。火がついたのに敵軍が平静であれば、（罠かも知れないので）攻めるのはしばらく待て。火勢を見極めて、攻められるようなら攻め、攻められないようなら止める。火を外側からつけることができ、内部からつくのを待つ必要のないときは、適当な頃合いでつければ良い。火が風上からついたときには、風下から攻めてはならない。日中の風は長く吹くが、夜の風は止みやすい。およそ戦いではこうした五火の変化があることを知って、巧みにその変化に対応せよ。

火を攻撃の助けにできることは明らかである。水を攻撃の助けにできれば強い。水は敵を分断するためのものであり、敵から奪取するためのものではない。

戦いに勝ち、攻め取っておいて、戦果を得られないのは凶である。これを費留と名づける。だから、聡明な君主はこれをよくよく考え、良き将は検討する》

細々とした項目が並ぶので、松陰の註釈も細々と連なっている。――火攻のうち、内通者の働きで火をつけるのが正法であるが、機を捉えるにはただちに対応しなければならない。それに対して、火がついたのに敵軍が平静である場合が変法である。こちらは謀が密であって、見極めてから対応しなければならない。また、「日中の風は長く吹く」云々は風を読む一例にすぎず、明の兵書『武備志』などを見ればもっと多くの例が出てくる、云々。

最も難解であったのは、「費留」の意味である。北宋の詩人・梅堯臣（ばいぎょうしん）は、戦って勝ち、攻めて取ろうとするときには、臨機応変に戦果を得るものであるが、火攻や水攻ではその利を守ることができないと述べ、無理に守ろうとすれば凶となるので、費留というのだとしている。また、唐の詩人・杜牧は、費留とはいたずらに留まって消耗し、ついに事を為さないことだとしている。松陰は、正解が分からないので、さしあたりこの二つの説をとっておく、というに止めた。確かに、この言葉については今日でもいろいろな説があり、その多くは大きくは違わないが、これこそが当たっているとしっかりいえるものもない。

仮にまとめるなら、費留とは、勝ったり攻め取ったりするばかりで、戦争目的を達して戦いを終わらせることがなく、国力を消耗していくことであって、火攻や水攻では、得るべき戦果まで焼けたり流されたりしてしまいがちだからここで論じられている、ということであろうか。

ただし、説によってはかえって、戦いを決してくれる火攻や水攻の実施を、破壊の大きさから躊躇(ちゅうちょ)するのを戒める（つまり、火攻や水攻を躊躇(ためら)うことなく行わせようとする）意味で解釈しているものもある。

《有利でなければ動かず、利得がなければ用いず、危険でなければ戦わない。君主は怒りにかられて出兵すべきでなく、将は憤りによって戦うべきでない。利に合えば動き、利に合わなければ止めるのが良い。怒りは喜びに替わりうるし、憤りは喜びに替わりうる。しかし、亡んだ国は建て直せず、死んだ者は生き返らないのである。

だからいう、聡明な君主はこれを慎み、良き将はこれを戒める、と。これが国を安んじ、軍を全うする道である》

「これを慎み」「これを戒める」の「これ」とは何か。戦争全般のこととする註釈者も多いが、松陰は、火攻や水攻のことであるとしている。末尾に至り、火攻や水攻の話が始計第一冒頭の「国の大事」云々につながって痛切ではあるが、あくまで主語は火攻や水攻なのだと。だから、この篇を最後の篇と考えて火攻第十三とする論者もいるなか、彼は、火攻第十二であることに疑問を持たない。

もっとも、そうはいっても、松陰が火攻や水攻自体を軽く考えていたというわけではない。彼は、これらは決して軽く扱ってはならず、必ず明らかな利得があると見極めてから、動いたり用いたりするのでなければならないと述べている。

しかし、これは大事なところであるが、「危険でなければ戦わない」というのは、九地第十一に出てきた「やむをえなければ命じずとも戦う」というような、士卒を亡地に投じたり死地に陥れたりして生きる意味であると、限定的に解釈してもいる。つまり、これはあくまで戦いの術策に触れた部分であり、戦争全般を論じたものではないのであって、そもそも、軍がやむをえないときしか戦わないというのでは、兵法が成り立たないとするのである。

孫子は平和主義者であったという前提で『孫子』を読む論者は、しばしば、火攻第十二のこのくだりを過大に解釈する。しかし、松陰がいうのとは逆に、「危険でなければ戦わない」が孫子にとって非常に重要であり、本当にすべての章句に当てはめうるものとすると、全巻中、意味をなさなくなってしまう箇所が多くなってしまうのではないだろうか。

『孫子評註』火攻第十二・読み下し文

火攻第十二

一　火攻は火を以て攻を佐くるなり。○孫子兵論の精微、九地に至りて極まれり。火攻は則ち用兵中の一策、火を挙げて水を帯び、以て其の思を広くす。兵策は万殊、余は推して知るべきなり。

孫子曰く、凡そ火攻に五あり。一に曰く火人、二に曰く火積、三に曰く火輜、四に曰く火庫、五に曰く火隊。

五目を挙げて詳説を著けず。六形九地と異なり。此れ固より明白にして著くるを待たざるのみ。而して文に自ら変化あり。

火を行るには必ず因あり。烟火必ず素より具す。

二句要言なり。因は即ち天燥き風起る是れなり。素よりとは未だ因あらざるに先だつなり。今の巨礮大銃は、孫子の五火と固より同日の論に非ず。然れども此の二句の如きは亦自ら千古不刊なり。若し乃ち因あるを待たずんば、是れ砲を知りて兵を知らざるなり。敢へて素より具せずんば、是れ兵を知りて砲を知らざるなり。然れども砲且つ知らず、何に由つてか兵を知らん。故に二句は必ず相須ちて功あり。

火を発するに時あり、火を起すに日あり。時とは天の燥けるなり。日とは月、箕・壁・翼・軫に在るなり。凡そ此の四宿は風起るの日なり。」

時と日と、皆註釈を用ひたり。註の文も亦自(おの)ら参差(しんし)錯落なり。兵家隠語多し。只だ風起の二字を看よ、四宿を看ることなかれ。星に風を好み雨を好むあり、詩書にある所なりと雖も、拘りて之れに執(しふ)すれば、何を以て兵家と為さんや。

凡そ火攻は必ず五火の変に因りて之れに応ず。

吾れ已に五火を施し、其の火の変に因りて、兵を以て之れに応ず、是れ火攻の法なり。

火、内より発すれば、即ち早く之れに外に応ず。

是れは此れ正法、上の因応の二字を承く。即早(チク)の二字は、兵機極めて敏なり。

火発して而して其の兵静なるものは、待ちて而して攻むることなかれ。其の火力を極め、従ふべくして之れに従ひ、従ふべからずんば則ち止む。

是れは此れ変法、更に分ちて二術と為し、以て之れを擬議す。待而(チテシテ)の二字、兵謀極めて密なり。

火、外に発すべくんば、内に待つことなく、時を以て之れを発せよ。

是れ亦一変法、火を外より発するなり。「火、内より発す」と対す。対偶参差(しんし)たるは古文たる所以なり。時とは即ち上文の天燥き風起るの時日なり。

火、上風に発せば、下風を攻むることなかれ。

亦囲師は必ず闕くの意なり。此れ火内外より発するものを幷せ言ふ。

昼風は久しく、夜風は止む。

此れ姑く一事を挙ぐるのみ。占風の術、何ぞここに止まらん。武備志諸書に観て亦見るべし。且つ此れ未だ必ずしも墨守すべからず。只だ久止の二字を看よ。乃ち活眼と為す。

凡そ軍は必ず五火の変を知り、数を以て之れを守る。

上文は皆火攻にして、此の一句便ち守法を附見す、妙なり。数は術数なり。上文に就いて、攻法守法推知すべし。「数を以て之れを守る」、「時を以て之れを発す」、句法簡にして該し、史家の詳略法に似たり。

故に火を以て攻を佐くるものは明かなり。水を以て攻を佐くるものは強し。水は以て絶つべし、以て奪ふべからず。

火攻に水攻を陪説す。強の字、絶の字、軽視するなかれ。蓋し水火各ゝ利鈍あり。明は以て威を為すべきも久を為すべからず。強は以て漸を為すべきも疾を為すべからず。故に絶つには水を須ひ、奪ふには火を須ふ。○孫子嘗て地形を以て兵の佐と為す、今水火を以て攻の佐と為す。以て其の兵を用ふるの識見を見るべし。

夫れ戦勝攻取して其の功を修めざるものは凶なり。命けて費留と曰ふ。

此の一節解し難し。梅堯臣曰く、「戦ひて必ず勝ち、攻めて必ず取らんと欲せば、時に因り便に乗じて能く功を作為するに在るなり。功を作為すとは、火攻水攻を修むるの類、其の利を坐守すべからず。其の利を坐守するもの凶なり、是れを費留と謂ふ」と。杜牧曰く、「徒らに留滞費耗すれば遂に事を成さず」と。吾れ姑く此の二説を併せ取る。

故に曰く、明主は之れを慮り、良将は之れを修む。」

両つの之の字は即ち上の「其の功」にして、火攻水攻の類なり。主将の二字を突点して此の段を結び、下段の双開の文を起す。

利に非ざれば動かず、得に非ざれば用ひず、危きに非ざれば戦はず。

水火軽易にすべからず、必ず明かに利得ありて然る後動用を致す。文字婉微にして別に議論を生ずるに似たれども、細かに之れを玩べば、少しも題目の意を失はず。危きに非ざれば戦はずとは、是れ兵家の権謀なり、意、九地篇の死亡に投陥するが如きのみ。如し已むを得ずして然る後戦ふと為さば、何を以て兵法と為さん。

主は怒を以て師を興すべからず、将は慍を以て戦を致すべからず。利に合して動き、利に合せずして止む。

是の処の議論、反つて忿を懲すの心法より得来る。蓋し水火は多く忿余に之れを用ふ。

怒は以て復た喜ぶべく、慍は以て復た悦ぶべし。亡国は以て復た存すべからず、死者は以て復た生かすべからず。

怒喜慍悦、存亡死生、一に老婆の痴騃児を喩すが如く、叮嚀勤渠、匹希なり。

故に曰く、明主は之れを慎み、良将は之れを警む。

両つの之の字、亦水火を指す。文脈、「師を興し戦を致す」より来る。

此れ国を安んじ軍を全うするの道なり。

国と曰ひ軍と曰ふは、以て主と将とを結ぶなり。孫の文常に麤より精に入り、細より大に入る。本末体用、各篇之れあり。此の篇は終始水火を言ふ。然れども末段の議論は、亦是れ始計開口一句の意にして、更に痛切と為す。麤なるが如く精なるが如く、細なるが如く大なるが如く、巧みに能く人を眩す。

用間第十三

上智を反間（二重スパイ）にする

いまの人々は「用間」の重要性を分かっていない

スパイのことを、漢語では「間者（かんじゃ）」や「間諜（かんちょう）」という。「間」は「うかがう」と読み、古代には「間」一字でスパイ、あるいはスパイすることを指した。「用間」とは間を用いることであり、すなわちスパイの使い方、インテリジェンスの世界を論じたのがこの用間第十三である。

近現代の日本は、用間を比較的軽視してきた。予算の少なさや組織の弱さを乗り越えて活躍した人物も少なくなかったし、インテリジェンスを重視しなくても良いという確固たる方針があったわけではなかったけれども、実際問題として、情報戦を後回しにしたり蔑（さげす）んだりする風潮も根強く、軍や政府の中枢が必ずしも使いこなせなかったのである。あろうことか、使い捨てにできる人材に務まる程度の業務でお茶を濁したり、人材の程度にかかわらず使い捨て同然にしてしまったりといったことさえ散見される。

しかし、巻首でも触れたように、山鹿（やまが）流兵学の始祖・山鹿素行（そこう）も、始計と用間は己を知り彼を知り、地を知り天を知る大本であって、戦いのことはすべてこれから外れない、とまで重要視していた。インテリジェンスは決して枝葉末節の問題などではない。むしろ、戦いの根幹の一つである。

用間第十三で鍵となるのは「反間」、つまり二重スパイという概念であり、しかも「上智」（智恵に優れた聖人）をそれにするべきだという命題である。

一方、松陰は、自分は真逆の「下愚」であると自認しながらも、日本全国をめぐって防備を中心とした実態を調査し、和親条約を要求してきたロシアのプチャーチンやアメリカのペリーの船に密航して、世界の現実を見定めようとした。その思いは、野山獄中でしたためた『幽囚録』（一八五四年）に切々と綴られている。自分自身が「間」たらんとするほど、用間を重視していたのである。

松陰によれば、用間第十三は『孫子』全篇の結びであり、遠く始計第一と対応している。孫子の本意は、彼（敵）を知り己（味方）を知るということにあるのであり、己を知るについてはこれまでの各篇で詳らかにしてきたが、彼を知るための秘訣は用間第十三にある。スパイを用いることによって万の情報が判明し、始計第一でいう「七計」が可能になる、つまりは戦略が立つ。

それほど重要であるからこそ、昔から、優れた君主や賢い将はこれを用いてきたのだが、しかし――と松陰は嘆息せずにはおれない――何ということか、いまの人々はその意義がきちんと分かっておらず、情報の大切さを省みないのである、と。

「敵の情報」だけは人を使わないと得られない

《およそ、十万の大軍を動員し、千里の彼方に出征すると、民衆や政府の支出は日に千金を費やす。国の内外は不穏になり、軍の補給のために疲弊して、農作業に不自由する家が七十万に達する（古代の井田法からすれば、八つの家が隣家として支え合う。一つの家から一人の兵士が出征すれば、残る七つの家がこれを支えるから、十万の兵士が出れば七十万の家が支援しなければならない計算である）。それで数年ものあいだ対峙するのは、ただ一日の勝利を得んがためである。それなのに、爵禄や金銭を惜しんで間者を重用せず、敵の情報を得られないで勝利を逃すようであれば、不仁の極みであり、人の将でもなければ、王佐の才でもなく、勝つ者でもない。

聡明な君主や賢明な将が、動けば他人に勝利し、人々から抜きん出て成功するのは、まず情報を得るからである。まず情報を得ることは、鬼神に祈ってもできないし、比べなぞらえてもできないし、計算し測量してもできない。必ず人を使って、敵の情報を得るのである》

松陰は、吉凶であれば、あるいは鬼神に祈れば分かるかも知れないし、正体不明の不可思議な現象は、あるいは昔のことと比べなぞらえれば察することができるし、高い天や遠い星のことは、あるいは軌道を計算して測量すれば良い、とあえて述べる。そのうえで、しかし、敵の情報だけは人を使って得るのでなければ知る方法はないのだ、と『孫子』の言葉に重ねてみせた。そこに彼が見出していたのは、孫子が「できない」と三回連呼したうえで、だからこそ人を使って情報を得なければいけないということを説き、間者を用いることへと話を進めていく、その話法の上手さである。

古代においては、戦いの前に吉凶を占うようなことは、大事にされた。しかし、正しい情報を得ておくことが大切であり、またそのためにはやりようもあるということは、一般的にはまだ理解されていなかった。だからこそ、孫子もそれほどまでに工夫を凝らし、懇切に論じなければならなかったということであろう。

今日であれば、公開情報の体系的な収集・分析（現代の言い方ではＯＳＩＮＴ＝open-source intelligence）、あるいはさまざまな通信の傍受や人工衛星からの情報収集（ＳＩＧＩＮＴ＝signals intelligenceやＩＭＩＮＴ＝Imagery intelligence）もまた、敵の情報を得る重要な柱となる。情勢判断のための情報は九割がた公開情報から得られるといわれる一方、例えばアメリカでは、通信の傍受を専門とした国家安全保障局（ＮＳＡ）のような組織が、中央情報局（ＣＩＡ）と肩を並べる形で存在している。

しかし、それらは長い歴史のうえでは、割合と最近に可能になったことにすぎない。松陰の時代、ましてや孫子の時代には、ほとんど人を使うこと（ＨＵＭＩＮＴ＝Human intelligence）によってしか、敵の情報は得ることができなかった。いまの人間から見ると、間者を用いて秘密を探りだすという方法にこだわる孫子の姿勢は、ほとんど執着といって良いくらいである。

郷間、内間、反間、死間、生間の活用法

「兵は詭道」である。味方にとってそのことが真であるならば、敵にとっても「兵は詭道」であると考えなければならない。相手が千変万化しようとしている以上、相手の真意、本当の狙いを得るよりほかの方法では、読み誤ってしまう惧(おそ)れがある。

信頼できる必要な情報は、それを知る者から得るのでなければならないというのは、単純すぎるくらいに明快だが、正しい。しかし、そのためにはどのようにすれば良いのか。また、そうして得た情報でさえ、敵の罠である可能性を、どのようにすれば排除できるのか。

孫子が示すのは、その解の一つである。

《間者を用いるのには五種類ある。郷間、内間、反間、死間、生間がそれである。五種類の間者が揃って活動することで、他の者にはどうなっているか分からなくなる。その微妙なやり方は、君主の宝とすべきものである。

郷間というのは、敵国の民衆を間者に用いるものである。内間というのは、敵政府内部の人間を間者に用いるものである。反間というのは、敵の間者を味方の間者に用いるものである（いわゆる二重スパイ）。死間というのは、敵地で欺瞞工作を行うものである（騙されたと知った敵によって殺されることになるから、死間という）。生間というのは、敵中に潜入して生きて帰り、情報を報告するものである。

全軍のなかでも、間者は最も信頼できる者に任せ、最も手厚く報奨し、最も機密にしなければならない。並外れた見識がなければ間者を用いることはできないし、素晴らしい人格がなければ間者を使いきれないし、細心の注意を払わなければ間者によって実効を得ることができない。間者はあらゆるところで用いられるからである》

松陰は、複数の異なる種類の間者が活動することによって、他の者からは何がどうなっているか分からなくなるさまを、讃えてみせる。また、死間には、間者自身が意図して偽情報を流す場合と、偽情報と知らずにこの人物自身が騙されている場合とがあることを指摘し、酈食其（れきいき）や唐倹（とうけん）の事例を挙げて、これらは結果的に偶然そうなってしまったものとしても、死間であるとしている。

酈食其の場合、紀元前二〇四年、漢の斉攻略にあたって斉王に帰順するよう説いたが、斉が油断したところで漢の軍勢を率いた韓信が攻撃を始めてしまい、怒った王によって煮殺されている。少なくとも韓信にとっては、酈食其は死間であったということができよう。また唐倹の場合、六三〇年に東突厥に帰順を説き、それで東突厥が弛緩したところを唐の軍勢を率いた李靖が攻め滅ぼす、という同じ形をとっている。このときには唐倹は辛くも脱出し、帰国を果たしているが、死間の死なずに済んだ事例といえる（日本人であれば、一五九三年、明の沈惟敬が和平交渉を進めるなかで李如松率いる明軍が突然攻撃してきた、平壌の戦いを想起するかも知れない。小西行長らは奮戦して壊滅は免れたし、沈惟敬はかえって最後は万暦帝に処刑されたが）。

死間という種類は、間者を重用することを説く『孫子』のなかにあって、使い捨てを前提とするような変わった事例といえなくもない。しかし、だからこそ功績は高く評価される。生き延びた唐倹は栄達しているし、殺された酈食其は子孫に爵禄が与えられている。松陰も、間者を信頼し、報奨し、機密にしなければならないとはいえ、間者それぞれに扱われ方の差があることを指摘している。

では、そのように考えるとき、最も重要であるのはどの間者か。松陰は、五つの種類が挙げられている順番に着目し、明快に位置づける。

まず、郷間は、間者のなかで一番簡単なものであるから、五つの最初に挙げられているのだという。次に、内間と反間は並び立つ存在である。ただし内間は味方から敵に仕掛けるのに対して、反間は敵から味方に仕掛けたものに対する仕掛けだから、簡単な順番でいえば、内間は第二であり、反間は第三になっている。残る死間と生間もまた並び立っているが、ただし通常用いられるのは生間であって、死間は変わった形である。それゆえ、死間は第四、生間は第五になり、通常の間者で五つの間を締めくくっている、と。

松陰は、文章の構成法は一々推し量るべきであって、偶然そうなっているのではないと指摘し、だから、孫子が最も重視した反間が真ん中に来ているのだと論じている。いささかこじつけめいた説明であるが、大事なことは、そうやって反間の重要性を感覚的にも捉えておくということなのだろう。

孫子が反間を最も重視したとは、どういうことか。

松陰は、人の心というものは、移り変わるうえに奥深く、なかなか推し測れるものではない、と述べる。だから、君主や将が聡明で人物をよく見抜くことができ、素晴らしい人格的魅力で心服させ、裏切って去るのには忍びないぐらいになって、ようやく間者を使うことができる。しかもなお、敵に関する情報には偽りが含まれるから、もっと測りがたい。だから、細心の注意があって初めて実効を得ることができる。こちらが敵に対して間者を使うだけでなく、敵もまた間者を使う。敵が間者を使うだけでなく、間者の間者もある。それゆえ、「間者はあらゆるところで用いられる」というのである、と。「間者の間者」とは、すなわち反間である。敵味方が間者を用いるだけでなく、その間者が反間である可能性もあるのだから、インテリジェンスを有効に活用するのは容易ではない。細心の注意を必要とするのはそれゆえであり、反間が特に重視されるのはそれゆえである。

反間をさまざまに用いて状況を変えよ

《間者の任務がなされないうちにそのことが漏れた場合、間者も漏らした者もみな死刑にする。

およそ攻撃したい軍、攻略したい城、殺したい人物は、必ずまずその守将・側近・取り次ぎ・門番・従者の姓名をつきとめ、間者を使って調べあげる。

必ずこちらの情報を集めようとやって来た間者を探し出し、利で誘い、こちらの味方にする。そうすれば、反間を得て使うことができる。これ（反間）によって情報が得られれば、郷間・内間を得て使うことができる。これ（反間）によって情報が得られれば、死間に欺瞞工作をさせることができる。これ（反間）によって情報が得られれば、生間を計画通りに行動させることができる。

五種類の間者のことは、君主自身が知らなければならない。その起点は反間にあるから、反間は手厚く遇さなければならない。昔、殷の建国のとき、伊尹は夏にいた。周の建国のとき、呂尚は殷にいた。聡明な君主や賢明な将は、上智を間者として用い、必ず大功をなす。これは戦争の枢要であり、それを恃みにして全軍が動くのである》

松陰にとって、情報漏洩に対する厳しさは「正視できない」くらいであったし、間者を動かすのにまず敵軍内の姓名を把握するところから始めるのについては「情報収集の前にも情報収集があることを知るべきであり、また間者をあらゆるところで用いることの実態を見るべきである」。彼は、そうであるにもかかわらず、日本では情報収集の重みが理解されていないことを嘆いている。

——今日その弊害たるや、ペリーやプチャーチンごときを「世界三傑の二（世界三大英傑のうちの二人）」と見なす説が出てしまうほどだ。

西洋のことが何も分かっていないので、現場の司令官でしかないペリーやプチャーチンを過大評価し、世界を動かす大人物のごとく怖れてしまう、というわけである。

そうした散々なありさまではあったが、孫子が重視している反間をさまざまに用いることで、状況を変えていくことができるのではないかと考えられた。

松陰は、徳川家康が大坂の陣で淀君の侍女たちを使い、情報収集や豊臣家の分裂を図ったことが、意味としては反間にあたるとしている（それをいうなら、山鹿流兵学の源流にあたる甲州流兵学の祖・小幡景憲の方がもっと良い例であるはずだが、そのことには触れていない。景憲は、大坂城内の様子を家康に伝えるだけでなく、徳川方にとって脅威であった真田幸村の献策を否定し、動きを封じる役を担ったとされる）。

そして、アメリカ、ロシア、イギリス、フランスから間者が来ている——情報収集を職務の一つとする外交官が、松陰のいう間者にあたることはいうまでもない——現状に鑑み、彼らを反間にするよう主張する。対外的な摩擦が続くなか、受身で対応するばかりでなく、こちらから仕掛けていくべきだというのである。確かに、反間というのは極端であるにせよ、外交官が任地の文化や人間への理解と共感を深め、個人の真情において友好を欲するかどうかで、随分と話が違ってくるのも事実である。

間者は戦争の枢要であり、情報は戦の要である

孫子が、伊尹（伊摯。殷の建国の功臣）や呂尚（太公望。周の名軍師）を反間としてとりあげたことについては、古来、多くの註釈者が注目し、さまざまな解釈を施してきた。彼らは儒教で名臣として扱われることも多く、兵学者から反間——儒教的には悪しき人物——と見なされることには反発も強かったのである。松陰も、先に『講孟余話』の萬章上第七章や告子下第六章で伊尹たちを論じていたが、『孫子評註』でもまた注目し、そして重く見ている。「孫武は伊・呂を反間であるとしている。そうであるならば、反間を手厚く遇するというの

ももっともだ」。伊尹が殷の湯王の間者として夏の桀王を探り、呂尚が周の武王の間者として殷の紂王を探ったというだけなら、生間であって小事である。しかし、両者ともにそれぞれの国に入りこみ、しばらく仕えたうえで帰国し、知りえたことを活かして戦略を立てたのだから（諸説あるが、伊尹は湯王の命を受けて夏の攻略前に潜入を繰り返したし、呂尚はもともと紂王に仕えていた）、反間であって、意味するものは大きい、と。

松陰は、孫子が上智を間者にするべきであると主張したことが、人の意表を衝いてしまう現状を批判する。いまの人間は間者を用いることを知らないし、たまたま間者を用いるときにも、使い捨てられるようなつまらない人材にやらせてしまう。これでは成果があるわけがない、と。

自分自身が日本のための間者となろうと志した松陰にとって、用間第十三の註釈の結びは、最後に戦略と情報の循環を力説するだけに止まらず、ほとんど魂の叫びのようなものとなった。少し長くなるが、その思いも逃さないように訳出しておこう。

――間者は戦争の枢要であり、それを恃みにして全軍が動くとまでいう孫子の言葉は、用間第十三の締めくくりの言葉であるだけでなく、『孫子』全十三篇の締めくくりでもある。孫子は冒頭で戦略の問題について論じ、最後に情報の問題について論じている。情報がなければ戦略は立たないし、戦略がなければ情報は集めようがない（戦略なしには、何が必要な情報であるかが分からないため）。だから、情報と戦略の二つのことが、全十三篇の最初と最後をなしているのである。

宋の兵学者・張預は、「用間は十三篇の末節である。戦いでいつも必要であるわけではなく、時間があれば用いる程度のものだからだ」というが、物事が理解できていないというべきである。思うに、情報は戦争の要であり、全軍がそれを恃みに動くところである。しかし、伊尹や呂尚のような優れた間者がおり、その君主が湯王や武王のようであって、初めて大きな成果を挙げられる。下愚（＝松陰自身のこと）は、幽囚の身でありながら、ことさらに間者の話をするのは恥ずかしい。かつて著した『幽囚録』のなかで、その意を書いておいた。

中国が手掛ける反間工作

なお、『孫子訳注』の著者であり、毛沢東傘下の将であった郭化若は、孫子による用間論の歴史的な先駆性を評価しつつも、そこには限界があることを強調している。

彼の見るところ、孫子の時代には間者というものがまだあまり用いられておらず、経験が不足しており、現代のように多種多様ではなかったというのである。それに加えて、伊尹や呂尚は庶民にすぎなかったのだから、間者として重要な働きができたはずがないと否定してもいる。

そうであろうか。二つのことを述べておきたい。

一方では、郭化若の言葉に賛同する。『孫子』用間第十三は、情報戦に対する初歩的な考え方を明示するとともに、その一つの在り方を鋭く提起した論考である。しかし、そのことにただ感心するばかりで、孫子以降のインテリジェンスのさまざまな発展を視野に入れないようでは、不明の誹(そし)りを免(まぬか)れまい。

松陰が挙げた酈食其や唐倹の事例にしても、孫子より後の時代の話である。もっとポピュラーなことでいえば、例えば『三国志通俗演義』を見るだけでも、五種類の間者の応用例が豊富に登場する。また実際、現代のインテリジェンスの世界では、例えば反間を含む間者の扱い方について、もっと工夫がなされている。間者の忠誠心やもたらす情報の真偽を、それを使う者の「並外れた見識」によって見極めようとした部分についても、今日では、多角的・多層的な監査体制が加えられている。インテリジェンスは、孫子の頃よりも着実に整備され、発展してきたのである。

しかし他方で、郭化若が伊尹や呂尚の間者としての意義を軽視してみせていることについては、訝（いぶか）しく思わざるをえない。これは孫子が唯一挙げている、『孫子』以前に遡っての間者の実例である。古い時代のことでもあり、彼らの働きについては諸説あるのに、それらを吟味することなくあっさり切り捨てているのが、いかにも怪しい。

むしろ、反間が五つの間者の起点であるという以上に極めて重要な役割を果たすことがあるのを現に知っているために、意識してか無意識のうちにか、郭化若は人々の目をそらそうとしたのではないだろうか。

つまり、敵の陣営で重要な地位に就きながら反間として活動し、秘かに情勢を一変させる決定的な役割を果たすような場合があることである。その露呈は、毛沢東の下で彼が経験した戦争の舞台裏へとつながり、さらには今日の国共内戦状態の根幹にも差し障るので、強いて斥けずにはおれなかったということではないだろうか。

二〇一〇年、台湾の国防軍事情報局の羅奇正大佐が中国の二重スパイの容疑で逮捕され、翌二〇一一年には、情報通信部門を担当していた羅賢哲少将が同じように逮捕されて、いずれも有罪判決を受けた。二〇一七年には、『ニューヨークタイムズ』などが、二重スパイの働きによってCIAの中国での情報網が壊滅的状況に陥った疑いがあるということも報じている。

『孫子』の時代から二千年以上経ち、インテリジェンスの世界は進歩してきたが、二重スパイ＝反間を最重要視することでは、いまでも変わらないように思われる。

『孫子評註』用間第十三・読み下し文

是れ十三篇の結局、遙かに始計に応ず。蓋し孫子の本意は彼れを知り己れを知るに在り。己れを知るは篇々之れを詳かにす。彼れを知るの秘訣は用間に在り、一間用ひられて万情見(あらは)れ、七計立つ。古より明君賢相皆之れを用ふ。何如せん、今人漠然としてこれを省みず。

用間第十三

孫子曰く、凡そ師を興すこと十万、出征千里、百姓の費(つひえ)、公家の奉、日に千金を費し、内外騒動し、道路に怠りて事を操るを得ざる者七十万家、

是れに拠れば則ち井田の法は、八家を隣と為し、七を以て一に奉ぜしこと疑なし。

相守ること数年にして以て一日の勝を争ふ。而も爵禄百金を愛しみて敵の情を知らざる者は、

是れ間を用ひざるを言ふ。先づ不ルレ知ラの字を下して、下の先ヅル知の字を伏す。

不仁の至りなり、人の将に非ざるなり、主の佐に非ざるなり、勝の主に非ざるなり。

四つの也、三つの非を連下して、反説して態を作し、下段の議論を留む。

故に明君賢相、動いて人に勝ち、功を成して衆に出づる所以のものは、先づ知ればなり。

遂に先知の字を下す。

先づ知るとは、鬼神に取るべからず、事に象るべからず、度に験すべからず。必ず人に取りて敵の情を知るものなり。」

禍福災祥は猶ほ或は以て鬼神に禱りて之れを取るべし。象るとは猶ほ比擬するがごとし。隠僻奇異は猶ほ或は以て往事に比擬して之れを察すべし。天の高き、星辰の遠き、猶ほ或は以て躔度（てんど）を験して之れを測るべし。唯だ敵情は人に取るに非ずんば、以て之れを知るなし。三つの不レ可（カラ）を連下して、方（まさ）に乃ち人に取りて敵情を知るを説き、以て間を用ふることを逼（ふく）出（しゅつ）す。引きて発（はな）たず、躍如たり。

故に間を用ふるに五あり。

地形・九地には、開口輒ち地形九地を称し、火攻の開口には輒ち五火を称す。此の篇は、漸説してここに至り、忽ち五間を点出す。啻に文に変化あるのみならず、亦以て兵家の秘術を悟るべし。

郷間あり、内間あり、反間あり、死間あり、生間あり。

郷は原(も)と因に作れり。張預、下文を以て之れを証して曰く、「当に郷と為すべし」と。余之れに従ふ。

五間倶に起りて其の道を知るものなし、是れを神紀と為す、人君の宝なり。

先づ此の数句を安(お)きて五間の大意を掲げ、下文徐々に弁拆す。倶に起るとは、其の起ること一ならざるを言ふ。知るものなしとは、人の能く測るものなきを言ふ。紀綱は条理にして原(も)と是れ明晰なり。今紀にして神なり、倶に起りて知るものなきも亦宜(むべ)ならずや。一の也の字、上文の三つの非(ザル)也を反照す。

郷間は、其の郷人に因りて之れを用ふ。内間は、其の官人に因りて之れを用ふ。反間は、其の敵間に因りて之れを用ふ。死間は、誑事(きやうじ)を外に為し、吾が間をして之れを知りて敵に伝へしむるなり。

誑事は、間たる者或は知り或は知らず、皆是れなり。且つ酈食其(れきいき)・唐倹の如き、事偶然に出づと雖も亦死間なり。

生間は反りて報ずるなり。

生間は是れ間の常なり。大抵間の近くして且つ易きものは郷間に如くものなし。故に五間の首(はじめ)に居り。内間と反間と相対す。但し内間は吾れより往き、反間は彼れより来る。故に内間は二に居り反間は三に居り。死と生と対す。但し死は変にして生は常なり。常を以て前の四者を結ぶ。故に死間四に居り生間末に居り。而して孫子の最も意を注ぎしものは反間に在り。故に反間、中に在り。文を作るの結構一々推すべし、蓋し偶然に非ず。

故に三軍の事、

事は十家註本には親に作る、従ふべきに似たり。

間より親しきはなく、賞は間より厚きはなく。事は間より密なるはなし。

親しきはなく、厚きはなく、密なるはなし。凡(すべ)ての間皆是くの如きには非ず。間の中にも亦時には親疎厚薄あり。

聖智に非ずんば間を用ふる能はず、仁義に非ずんば間を使ふ能はず、微妙に非ずんば間の実を得る能はず。

人の情(こころ)は反復淵深、測度(そくたく)すべきこと難し。唯だ主将通明敏智にして以て人を知りて謬(あやま)らざるに足り、仁義にして以て人を感ぜしめて背き去るに忍びざらしむるに足りて、然る後間得て使ふべきなり。然れども敵情の変詐更に測り難しと為す、間と雖も或は及ばざる所あり。是れ微妙にして然る後能く間の実を得る所以なり。

微なるかな微なるかな。間を用ひざる所なし。」

啻に我れ間を為すのみならず、敵にも亦間あり。啻に敵間を為すのみならず、間にも亦間あり。故に曰く、「間を用ひざる所なし」と。〇三つの莫の字、三つの非の字を連下し、一の也の字を以て勒し住め、用間の精蘊具はる。故に三軍の事、間を用ひざる所なきに至る。間の事を總言せるも、而も意を注ぐは則ち謂ふ所の「上智を以て間者と為し云々」に在り。然らざれば間を言ふこと過重なるに似たり。

間事未だ発せずして先づ聞ゆるものは、間と告ぐる所の者と皆死す。

告ぐる所の者とは即ち聞く者なり。是れ漏泄を禁ずるに厳峻を以てするなり、兵家の権略正視すべからざるものなり。

凡そ軍の撃たんと欲する所、城の攻めんと欲する所、人の殺さんと欲する所、必ず先づ其の守将の左右・謁者・門者・舎人の姓名を知る。吾が間をして必ず索めて之れを知らしむ。

二節皆専ら生間に就いて言ふ。先知の二字、前の文に応ず。間の前に更に間あるを知るべく、亦間を用ひざる所なきの実を見るべし。今世、間を用ふるを知らず、其の弊、彼理（ペリー）・布婼（プチャーチン）を以て世界三傑の二と為すに至る。是れ吾れの慨する所以なり。而して孫武先づ之れが説を為せり。

必ず敵人の間、来りて我れを間する者を索め、因つて之れを利し、導きて之れを舎（しや）す。故に反間、得て用ふべきなり。

是れ反間を言ふなり。昔東照宮、安子・冶容子を用ふ、其の意蓋し亦此くの如し。今墨・魯・暗・払、来りて我れを間する者、利舎して之れを用ふる、寧んぞ難しと為さん。然れども鎖国者の知る所に非ず。

是れに因りて之れ知る、故に郷間・内間、得て使ふべきなり。是れに因りて之れを知る、故に死間誑事を為して敵に告げしむべし。是れに因りて之れを知る、故に生間期の如くならしむべし。

三つの「是れに因りて」は皆反間に由りてなるを言ふ。

五間の事。主必ず之れを知る。之れを知るは必ず反間に在り。

是れ専ら重きを反間に帰す。両つの必（かならず）の字、文法極めて緊なり。而して必知（ズル）の二字は、暗に「先知(ツル)」に応ず。

故に反間には厚くせざるべからず。

厚の字は篇首を収繳(しゅうけう)し、「三軍の事」の一段に及ぶ、何等の簡尽ぞ。

昔殷の興るや、伊摯(いし)夏に在り、周の興るや、呂牙殷に在り。

孫武は伊・呂を以て反間と為す。宜(むべ)なり其の之れを厚くするや。伊・呂以て湯武の命を受け、往きて桀・紂を間す、其の蹟(あと)生間に似たり。然れども生間は事極めて小なり。伊・呂往きて間し、贄(し)を委して臣となり、之れを久しうして然る後国に反(かへ)りて計を立つ、ここを以て反間と為すなり。

故に明君賢相は能く上智を以て間者と為し、必ず大功を成す。

上智を以て間者と為すは、孫子の議論、人の意表に出づる処なり。今世の人、間を用ふるを知らず、即(も)し之れを用ふとも、皆樸樕(ぼくそく)小材のみ、何ぞ能く功を成さん。

此れ兵の要、三軍の恃みて動く所なり。

此れ用間の結語にして、其の実は十三篇の結語なり。孫子開巻に計を言ひ、終篇に間を言ふ。間に非ずんば何を以て計を為さん、計に非ずんば何を以て間を為さん。間・計の二事、十三篇を終始す。張預は乃ち言ふ、「用間、十三篇の末に処るは、蓋し兵を用ふるの常に非ず、時ありて為すのみなればなり」と。事を解せずと謂ふべし。○按ずるに間は兵の要、三軍の恃みて動く所なり。然れども必ずや上智伊呂の如く、而して其の君又湯武の如くにして、然る後大功立つべし。下愚幽囚せられて徒らに間の事を談ずるは、心甚だこれを慙づ。嘗て著はす所の幽囚録の一書に、略ぼ其の意を見すと云ふ。

跋 再跋

他日あるいは一堂に集える日があれば

「率先して死地に陥る者たち」の先駆けとして

跋文が書かれたのは一八五七年の十一月一日（旧暦の安政四年九月十五日）。再跋文が書かれたのは、一八五九年の六月十日（旧暦の安政六年五月十日）のことである。

跋で松陰は、『孫子』への註釈は無数にあるが、なかなか心から敬服できるものはなかったと述べている。昔から、名将智士と呼ばれた人々でこの本を読まなかった者はいないだろうが、曹操や李靖といった数人を除いては充分な内容ではない、と。

最後に長嘆息する彼の声を、補足を加えて訳出しておきたい。いわく、

――『老子』第五十六章で「知る者はいわず、いう者は知らず」というように、思い知るべきは、『孫子』を真実に理解した者はそれを語らず、『孫子』について語っている者はそれを真実には理解していないことである。だから、私がこうして孫子を語ったことは、恥ずかしいことだ。ある人がいうには、「いうばかりで理解できていないことにかけては、孫武がその先陣である。『孫子』の読者が理解できなくとも、責められない」。

これこそ、書物を読む能力のない者がいうようなことである。

孫武自身がよく分かっていないものを、後世の人間が読んで分かるはずがない……とは、『孫子』と『孫子』を学ぶ者に対する、ほとんど根底からの愚弄たりうる。この言は、松陰としては認めるわけにはいかなかっただろう。

跋を記した日、ともに『孫子』を読んだ富永有隣が松下村塾を離れ、老母の待つ郷里へと旅立った。富永は松陰よりも十歳近く年長で、野山獄で出会い、塾を支える客員講師のような立場にあった。この日は東山で砲術の演習を終えた後、出立する彼を見送るために、中谷（なかたに）正亮（しょうすけ）や高杉晋作など十人ほどの塾生が、泊まりがけで集っている。夜半になり、灯火の下、一緒に声を出して書物を読む者、疲れて横になる者、議論を続ける者、聞いている者と、それぞれさまざまであったが、松陰にとっては「みな文武有志の士」であった。秋深く月は白く、夜露が降り、雁の鳴く声が聞こえる。『孫子』を講じ終えた松陰は、「知る者はいわず」の一句を思い、しかし、時勢は沈黙を許さないと、決意を新たにしたのである（「富永有隣の帰省を送る叙」）。

松陰は兵学者であった。兵学者は戦いの術を修得し、実戦ともなれば軍師を務めたり、軍を指揮することを求められたりする存在である。しかし、江戸時代は武士の世であったが、大半は泰平の世でもあった。彼らは、ある意味では最も武士らしい武士でありながら、いわば無用の長物として、幾世代も生きてこざるをえなかったのである。そして実際、流派兵学者のなかには、いざ本当の危機の時代を迎えたときに、自分たちが何の役にも立たなくなっていることを証明してしまう者も少なくなかった。

物心ついたときにはもう『孫子』を読み、少年の頃から日本を守る手立てを考えることを己の仕事と引き受けて生きてきた吉田松陰である。その自負があるからこその廉恥(れんち)の言葉であったが、それだけに、『孫子』を読むこと自体を否定するかのような物言いは、彼をいらだたせたであろう。

時勢は動いていたが、日本人の多くは、まだ平和な時代の古い意識を持ったままであった。より多くの人々が危機を危機として認識し、――『孫子評註』の言葉遣いでいえば、九地第十一でいう「鎖国」すなわち散地を死地と見なし、日本を率然のごとくするために率先して死地に陥る者たちが現れる――幕末維新の動乱へとつながっていくのは、松陰が処刑された後のことになる。
再跋によれば、講読が終わった後、松陰は『孫子』の本文に傍註をつけたものをしばらく放置していたが、大きく評註を記して本文を挟む現在の形に書き改め、翌一八五八年の九月頃に完成させた。このときに一緒に議論してまとめたのは、松下村塾の久保清太郎・中谷正亮・尾寺新之允・高杉晋作の四人であったという。
その後、中谷は長州藩の中央に位置する山口の町に、尾寺と高杉は江戸に出、松陰自身は野山獄に再入獄させられることになる。獄中で彼は『孫子評註』を清書し、再跋を記した。末尾には次のように綴られている。

——いま私は獄につながれ、友も居場所が分かれている。他日あるいは一堂に集える日があれば、各々が得るところを出し、原稿を手にして見比べたい。また愉快なことではないか。

幕府の命により、松陰を江戸の獄へ送るとの報が伝わったのは、その四日後のことである。松陰は、この書を久坂玄瑞に託して萩を後にし、不帰の客となったのであった。

『孫子評註』跋 再跋・読み下し文

跋

孫子の書は、古今の伝註、特（ただ）に十百家のみならず、顧ふに其の粗浅滅裂にして、誰れか能く其の篇旨に通ずる者ぞ。吾れ晩生を以て妄りに此の書を読む、膝未だ多く屈する所あらず。頃ろ有隣・正亮の諸友と読むや、随読随評、三日にして訖（をは）る。吾れ謂へらく、名将智士、昔より誰れか此の書を読まざらん、而れども曹公・衛公ら数家の外は其の説備はらず。其の或は備はるものも、向（さき）に謂ふ所の十百家の類のみと。知るべし、知る者は言はず、言ふ者は知らざること。而して吾れの能く言ふ、亦愧づべし。或ひと曰く、「能く言ひて而も知らざるは、孫武乃ち其の魁たり、何ぞ其の下なる者を責めん」と。是れ則ち書を読む能はざる者の言のみ。書して以て跋と為す。

丁巳九月十五日　　二十一回猛士

再跋

原跋に云ふ、随読随評、三日にして訖るものは、正文に傍注す、簡略粗脱にして観るに足るものなし、故簏（ころく）を棄擲して復た顧みず。後乃ち正文を分析して挿むに評註を以てし、此の書の様の如くし、戊午八月に至りて成れり。終始、余の説に信従して相共に商量せし者は清太・正亮・新之・晋作にして、有隣は与（あづか）らず。清太兵書に於て余の説を信ずること、最も諸友より久し。故に評註原稿の塗抹改竄せしものを以て之れを清太に帰（おく）り、其れをして之れを蔵せしむ。今余獄に繋がれ、而して三友処を分つ。他日或は一堂に会聚すること能はば、各々其の得る所を出し、因つて原稿を把りて之れを較べん、亦一快ならずや。

己未五月十日　猛士

補章

孫子の兵法と日中の政戦略

『孫子』読みの『孫子』知らずになる危険性

かつて福田赳夫(たけお)元内閣総理大臣が鄧小平(とうしょうへい)(当時、国務院副総理)と会談した際、「不用兵而屈人之兵、是善之善也(兵を用いずに人の兵を屈するのが最善である)」云々(うんぬん)と記して渡したという逸話がある。しかしそれを報じた当時のマスコミは、「兵を用いずに人の兵を屈する」とは問題の平和的解決で同意したものにほかならないと、かなり偏った解説を加えることになった。

百歩譲って、孫子は平和を求めた人物であったという解釈も成り立たないわけではないが、「兵を用いずに人の兵を屈する」の典拠となった『孫子』謀攻第三を、平和主義的に読みきるのには無理がある。原文で「戦わずして人の兵を屈するは善の善なるものなり(戦わずして敵兵を屈するのが最善である)」が語られるのは、リスクを避けながら戦いに勝つ一環としてであって、「平和」はあくまで味方にとってのそれでしかない。決して、相手との共存や友好を図るものではないのである。

日本人は、一向に孫子の兵法を理解しようとしない。最近の、中華人民共和国の対外行動に対する世間での捉え方を見ていても、いまさらながらにそう思う。

もっとも、日本で『孫子』という書物が不人気というわけではない。それどころか、外国としては、日本ほど孫子研究が活発で、本も数多く出版されているような国はない。そのことは本家でも知られている。

例えば、古今東西の『孫子』関連文献を網羅しようとした于汝波主編『孫子学文献提要』（軍事科学出版社、一九九四年）のような業績には、歴代諸王朝から中華民国期を経て現代に至る大陸での孫子研究の広がりが描かれているが、同時に、そのほかの国々の孫子研究において、日本が圧倒的な存在感を有していることがはっきり示されている。古い調査ではあるが、有史以来、そのときまでに海外での刊行が確認された『孫子』の翻訳書・註釈書のうち、実に七割以上が日本で出版されたものだったのである。

しかし、にもかかわらず、日本人全体として『孫子』がよく理解されているとは、考えられないのである。むしろ、いつまで経ってもきちんと理解されないからこそ、延々と孫子の兵法が紹介され続けているのではないかとさえ思える。実際、書店に並ぶ孫子関連の書籍は、大方が「入門書」でしかない。そして、全体がそうした状況では、孫子の言葉を座右にするような手練れの読み手でさえ、『孫子』読みの『孫子』知らずに陥り、知っているつもりで誤解を重ねる危険性がある。

歴史を顧みれば、もともと日本人と『孫子』の相性は良かったとはいえない。研究が盛んになった江戸時代には優れた註釈書もいろいろと出たものの、明治以降になると改めて孫子の兵法がよく分からなくなっていく。そして、戦後という時代は、『孫子』を読み誤らせているーーというのが私の見立てである。

相手の政戦略を知り、自らの失敗を省みる

くだんの福田に鄧が語ったとされる「棚上げ論」の如何が、現下の尖閣をめぐる一問題点であることは、いうまでもない。ならば、「不用兵而屈人之兵、是善之善也」で福田が言外にーーというには、かなりわざとらしくーー表そうとしたのは、相手が『孫子』謀攻第三の発想で海洋に膨張しようとしていることへの、対抗姿勢であったと見ることもできよう。

対外問題を見極めるとき、最新の時事情報や軍事技術などの理解は基本となる。しかし、それだけでは足りないし、こだわりすぎるとかえって視野を狭めて、目の前の問題の文脈に

絡めとられてしまう惧れさえある。

必要なのは、政戦略上の読解である。それには、特に相手側がどのような政戦略に立っているか知っておくのが大事であることは、いうまでもない。

ただし、いわずもがなのことを断っておけば、『孫子』を読み解いたところで、それだけで相手の対外戦略を解明できるわけではない。そこには、例えば中華人民共和国の政策決定過程という別の要素がある。また、俗に「好い鉄は釘にせず、好い人は兵にならない」というように、軍事を低く位置づける伝統があったために、孫子の兵法は常識ではあるがあからさまに適用されるわけでもない。しかし、彼らの基本的な狙いや発想法を踏まえておくには、孫子の兵法はやはり重要である。

さらにもう一つ、日中関係を政戦略の観点から読もうとするときに意識しておくべきであると私がつとに考えているのは、日中戦争の反省という観点である。第二次世界大戦では対米戦争の敗北が専ら注目され、日本は対中戦争にも負けたのだという事実が、看過されがちではないだろうか。

なかには、あくまで日本はアメリカに負けたのであって中華民国に負けたのではない、という向きもあるかも知れない。しかし、日中戦争で日本は勝つことができず、軍事的な隘路に追いこまれ、外交的に孤立し、アメリカの参戦を招いた。そうなったのは日本自身の過誤と、相手の存在があったからである。

日本は、アメリカにも中華民国にも負けたのだ。ではなぜ負けたのか、相手の何がこちらより優っていたのか、省みないわけにはいかない。

そこで孫子の兵法のことに戻って考えてみると、江戸時代には、武家が支配する泰平の世の中にあって、『孫子』は評価され、その研究も大いに発展した。林羅山、山鹿素行、新井白石、荻生徂徠といった当時の名だたる思想家たちも、特徴的な註釈書を残している。

ところが明治期以降は、西洋の兵学の普及にともなって位置づけを失っていった。そうしたなか、あえて孫子の兵法に学ぼうという場合にも、兵学上の普遍性が度外視され、あたかも東洋の伝統思想に神秘や奥義を求めるかのごとき姿勢が生じていったのである。

本来であれば、現代の戦略にも通じる孫子の兵法の普遍性を踏まえたうえで、かつ、そこから海を渡った大陸——日本軍の主戦場——の歴史的な経験に沿った特長を読み取るというのが妥当だったのではないだろうか。しかし実際には、二十世紀の総力戦への対応の混迷が加わって、『孫子』の理解も混迷していった観がある。

例えば、古代兵法研究の大家である湯浅邦弘は、『軍国日本と『孫子』』（筑摩書房、二〇一五年）の冒頭で、昭和天皇が、第二次世界大戦敗戦の第一の原因を、『孫子』謀攻第三でいう「敵を知り、己を知らねば、百戦危うからず」（ママ）の「根本原理を体得していなかったこと」に求めていたことを指摘する。そして、「日本人は『孫子』を正しく理解していたのか」と問うて、（江戸期の兵学に対する評価は私と異なり、低いが）明治時代に孫子の兵法が改めて注目され、日清・日露の戦勝の後、西洋のそれに負けない東洋兵学の讃美（『孫子』を含む）から、日本独自の兵法の礼讃（『孫子』を含まない）へと至る曲折を描き出しているのである。

『孫子の兵法で証明する日本の必敗』

私が強調しておきたいのは、そうした日本側の変化が、当の中国側で、ある意味では看取されていたことである。つまり、日本が立脚する政戦略の変化は、『孫子』をあいだに挟んで、中国の戦略家から読み取られてしまっていたのである。

李則芬の『孫子の兵法で証明する日本の必敗』（『以孫子兵法証明日本必敗』〈生活書店、一九三九年〉）は、中国語にして百ページ程度の小冊子であり、戦意高揚の目的もあって日中戦争中に広く流布したといわれる。近年、中国の研究者もたびたび指摘するように、遅くとも蔣介石や毛沢東の時代までには、日本での『孫子』学習の影響を受けてか、大陸でも孫子の再評価が公然と行われていたのであった。

李則芬はそこで、孫子の兵法の観点から日本を手強い敵と認識したうえで、成功しすぎたことで傲慢を生じ、『孫子』の原則を見失っており、戦いの主導権は中華民国の側にあると分析している。

この文献は、戦後日本でも神子侃、水野史朗編『孫子と毛沢東　中国的思考の秘密』（北望社、一九七〇年）に収録され、「孫子の兵法と中日戦争」の題で翻訳・刊行されている。しかしこの邦訳本では、日本敗北予測の前提となる、南京の陸軍大学の教官でもあった李則芬による『孫子』解釈が体系的に示された第一章が省略されてしまっており、日本批判の意義が摑みにくくなってしまっている。

その第一章「孫子の概念」で論じられているのは、孫子の兵法のエッセンスをまとめた①用兵の最高原則、②戦争の準備、③戦闘の実行、④指導者と将の条件、の四点である。

まず、①用兵の最高原則について李則芬は、謀攻第三の「戦わずして人の兵（敵兵）を屈する」が孫子の兵法の最高原則であると述べ、そのための手順として、同じ謀攻第三から「上兵は謀を伐つ。その次は交を伐つ。その次は兵を伐つ。その下は城を攻む（最上の戦い方は敵の謀を討つことであり、その次は敵の交わりを討つことであり、その次は敵の軍を討つことであり、その下が敵の城を攻めることである）」を引用する。

このあたりは類書と大差ない。しかしそれに続けて、「謀を伐つ」とは敵の狙いを挫くこと、「交を伐つ」とは敵を孤立させることであるが、彼は、その前提は兵力を充実させて負けない状態にすることであることを論じている。つまり、ここでの「戦わずして人の兵を屈する」筋道には、まずはまとまった軍事力が求められているのである。

李則芬はさらに、謀を伐ち、交を伐てば敵は屈服してくるはずだが、そうでない場合、最後の手段として戦争に及ぶのだという。これも通説通りといえよう。戦争ではやむをえないときを除いて城を攻めず、野戦で主力を撃滅する、これが「兵を伐つ」である。兵を伐つには、作戦篇でいう「勝ちを貴び、久しきを貴ばず（勝つことを貴んで、長引くことを貴ばない）」、つまり早く戦争を終わらせることが大事である、とする。

ただし、日本では二十一世紀の今日でも速戦即決こそ作戦篇の主旨であるとばかり強調する註釈が多いが、この本では絶対視はせず、その先があることについても忘れていない。つまり、速戦即決が理想であるが、戦争のことは先読みしきれないから、万一の持久戦には作戦第二の「敵に勝って強を増す」方法をとるとするのである。すなわち孫子いわく「糧を敵による（兵糧は敵国に依存する）」、敵から物資や兵士や武器を奪えば、速戦即決でない持久戦が可能になると指摘している。

②戦争の準備や④指導者と将の条件について述べた部分は、さほど特徴的ではないが、要点を手短に整理している点では熟（こな）れている。つまり、戦争の勝敗を決するのは事前の準備である。戦う前に彼我の優劣を比較する必要があるが、それには謀攻第三の「彼を知り己を知」るが前提となる。平時に彼を知るにはスパイを用いるのが大事であり、なかでも重要なのは用間第十三でもいう「反間（二重スパイ）」である。その一方、指導者と将については、それぞれ始計第一の「有道」と「智」を第一の条件に挙げている。

③戦闘の実行では、孫子の兵法を当時の戦いに適用してみせている。李則芬は、その要が虚実第六でいう「人を致して人に致されず（敵を我が意のままにし、敵に彼が意のままにされ

ることはない)」、つまり主導権をとることにあるのを強調する。戦闘の方法については、実を避けて虚を撃つことであるが、戦場は常に変化するから、あらかじめ見極めることはできない。有利な状況をつくり、多数で少数を撃つ。もし敵が多ければ、これを分散させる。敵情を知り、こちらは機密を維持して、迅速に行動するのが大事だとしながらも、迅速さにも危うさがともなうことに注意を促す。すなわち、速戦を求めて疲れてしまい、補給が追いつかない状態では駄目で、必ずさまざまな要素を総合して熟慮すべきであるとしている。

これらをまとめると、李則芬による孫子の兵法理解は、「戦わずして人の兵を屈する」を最高原則として位置づけたうえで、その実現のために軍事力で優位に立ち、敵の狙いを挫き、孤立させ、それでも屈服しなければ初めて戦争に及ぶが、速戦即決を絶対条件とはせずに、持久戦も想定していることに特色がある。また、勝てない戦争を不可として彼我の優劣を比較しておくことを説き、実際に戦争することになれば、主導権をとることこそが肝心要と捉えたのである。

かにしていく。

日本が勝利できない具体的な論拠

以上を判断基準にして、李則芬は、日中戦争が日本の敗北で終わるゆえんを分析的に明らかにしていく。

第二章「日本軍は孫子の最高原則に違背した」では、日本人は孫子の兵法に自信を持っており、確かにこれまで謀略を用いて「戦わずして人の兵を屈する」こと、あるいは速戦即決することに成功してきた。しかし、相当のことがなければ動いたり戦ったりしないという原則を忘れてしまったと批判。可能な限度を超過し、金科玉条としてきた速戦即決に失敗したとする。そうすると「敵に勝って強を増す」策略しか残っていないが、民族戦争が発動された後には不可能になったと述べている。

第三章「日本失敗の根本原因」では、驕り高ぶった日本は「己を知」らず、世界に冠たるスパイ国家であるのに中国人の悪い面ばかり見て優れた部分を見ないために「彼を知」ることもないと指摘する。そして、日本軍は練度でも装備でもずっと優れているが、それだけであって、国民経済の逼迫や外交的な孤立など、数々の条件で劣っていると論じるのである。

続く第四章「日本軍は『人に致され、人を致さず』」は、日本は主導権のない被動の状態にあると説く。李則芬によれば、日本軍は「戦わずして人の兵を屈する」策を続けるつもりだったのに、考慮の外の全面戦争を始めてしまった。開戦の時点で、すでに被動だったというのである。

また、主戦場をどこにするかは戦争の勝敗を左右するが、日本は華北平原で機械化部隊の威力を発揮して速戦即決すべきだったのに、中国軍の抵抗に応じて大軍を逐次投入、戦線を延ばし、長江沿岸を主戦場にしてしまったと顧みる。一九三七年の上海会戦で主導権をとったのは中国側であり、ここでも日本軍は被動であったというのである。結果、中国軍は敵との正面衝突を避け、側背を攻めることで主導権を維持しており、クラウゼヴィッツのいう「攻勢の極点」を超えてしまった日本は優勢を失う、と予測する。

それゆえ彼は、第五章「結論」で、孫子の兵法から見ると日本の勝利はない、と判断を下したのであった。

むろん、『孫子の兵法で証明する日本の必敗』は戦意高揚の目的を持った同時代の不完全な記述であり、その内容を鵜呑(うの)みにする必要はない。しかし、李則芬の批判が、まったく妥当ではないともいえないだろう。

戦争に及ばぬ力の闘争はさらに多様である

翻(ひるがえ)って、現在の日中関係は、もちろん戦争状態などではないが、対峙状況にあることもまた確かである。まずは、ここまで記したような過誤に類することを犯していないか、省みておいて損はあるまい。

ましてや、孫子の兵法が説く「戦わずして人の兵を屈する」策は、いわゆる戦争には及ばない闘争の次元にある。また、「上兵は謀を伐つ。その次は交を伐つ」のだから、日本のような大国に対する仕掛けは、「兵」や「城」よりも「謀」や「交」が主となって当然である。狭義の軍事面に目を奪われていると、例えば、一戦を交えることなく、気づいたときには尖閣諸島が外国のものであることになっている、といった事態にもなりかねない。

東アジア担当のアメリカ国防副次官補だったエイブラハム・デンマークもいうように(『ニューズウィーク日本版』二〇一七年四月十一日号)、中華人民共和国の戦略目標が、地域の重要な事柄を思いのままにできる地位を築くことにあり、そのためにアメリカと地政学的な影響力を争っていると見ることには、説得力がある。それに基づいたさまざまな工作が、例えば沖縄でもなされないはずがない。「戦わずして人の兵を屈する」とはそういうことなのである。

ここまでいえば、孫子の兵法について論じていたはずなのに、話は国際関係でよく見られる、当たり前のことでしかなかったのかと、肩の力が抜けるかも知れない。だがそれはつまり、『孫子』には決して神秘や人知れぬ奥義のようなものが含まれるわけではなく、兵学上の普遍性から評価できる書物である、という理解にようやく立ち返ることを意味する。ただし、その書物と解釈とは、大陸の経験のなかで育(はぐく)まれてきた。

力を用いた、戦争に及ばない闘争は普通のことであり、戦前の日本の歴史には、その成功例と失敗例とが出てくる。戦後の日本では、経済力を用いた闘争にはわれわれも敏感で、人権や歴史認識のような価値の次元の闘争もある程度理解されてきた。しかし、戦争に及ばぬ力の闘争はさらに多様であるということが、念頭から抜け落ちてはいないだろうか。

(「孫子の兵法と日中の政戦略」『Ｖｏｉｃｅ』二〇一七年七月号に加筆訂正)

あとがき

いまから二千年以上も前に書かれた『孫子』という書物を、どのようにして解釈すれば良いのか。大きくいって、二つの方法がある。

一つは、漢文の一字一句を読み解き、その用例や文法から正確な意味を導き出すこと。この数十年間の日本でも、金谷治の『新訂孫子』（岩波書店）や浅野裕一の『孫子』（講談社）に代表される、東洋古典文学の研究者による精密な業績がある。

そしてもう一つは、『孫子』のいわんとするところを、兵学や実戦の見地から整合的に理解すること。こちらでも、武岡淳彦の『新釈孫子』（ＰＨＰ研究所）のような卓越した作品をはじめ、旧軍関係者や経済評論家――戦後日本では戦争を経験した者が多く経済活動に従事したから、彼らはもと一体であった――による優れた成果がある。

しかしながら、そこに問題がなかったわけではない。

顧みれば、江戸時代の日本人は、『孫子』に対して儒学からの批判を加えて、ときに兵学の趣旨を見失った。昭和戦前期までの日本人は、総力戦が不可能であるという認識と表裏の速戦即決主義に執着する読みを見せた。また、たがが外れたかのような過度ないし粗野な策謀への傾斜も見られた。

それが戦後日本では、過剰な平和主義に泥(なず)んだ視野狭窄——例えば、『孫子』が第一義的には戦争を扱ったものであることを忘れて、兵学的な理解を経ずに直に経済・経営に当てはめようとする誤り——が広がるに至った。

そうした『孫子』読解の歪みを断ち、『孫子』を本当に理解すること。しかも、『孫子』をバイブルにするのではなく、日本的戦略思考の欠点や盲点を省みるとともに、中華的戦略思考の在り方を知るために読むこと。その必要性を感じてきたことが、末学駑才を省みずに本書を執筆する、動機の動機であった。そして、そのための手がかりとして選んだのが、江戸時代の兵学研究の到達点というべき、吉田松陰の『孫子評註』だったのである。私の狙いがどれくらい果たされたか、いまは諸賢の御批判を待つしかない。

今回の執筆にあたっても、私は多くの方々の御陰を賜ることができた。とりわけ、情熱を持って編集を担当してくださった川上達史氏をはじめとするＰＨＰ研究所のみなさまには、この機会に、いつもどうもありがとうございますとお伝えさせていただきたい。また、奉職する大阪観光大学国際交流学部の赤木攻先生をはじめとする先生方からは、お忙しいなかでも折に触れてアカデミックな対話を通じ、柔軟で創造的なお教えを賜っている。感謝の言葉よりほかない。さらに、本書をまとめるに先立って、同志社大学の特殊講義で『孫子』を講ずることが許されたのは、大変な幸運であった。得がたい機会を与えてくださった同志社大学法学部の先生方に、また、相当専門的な内容を扱う授業であるにもかかわらず、熱心に受講してくださった優秀でマニアックな学生さんたちに、心から御礼申しあげる。

なお、『孫子』を座右にした兵学者としての松陰の思想と行動については、すでに『兵学者吉田松陰　戦略・情報・文明』（ウェッジ、二〇一一年）で、私の考えをまとめている。幕末の志士たちの議論がしばしば捻じれ、複雑化してしまうのは、日本を変革しなければ生存自体が危うくなるが、変革によって日本のありようが失われてしまえば生存する意味が危うくなるという、いわば生存の維持と自己同一性の維持の二律背反のゆえであったといえる。前著ではそれを可能な限り簡潔な論理に還元し、明確化することを目指した。本書の執筆までに考えの深まった部分もあるが、主旨の変更はない。姉妹編として、本書ともども手にしていただければ幸いである。

来年は、吉田松陰の没後百六十年である。本書が、『孫子』を挟んで松陰たちと語らい、議論し、日本の行く末を考える一助になればと思う。

平成三十（二〇一八）年十月十七日

熊取の研究室にて　　森田吉彦

主要参考文献

青山忠正『高杉晋作と奇兵隊』（吉川弘文館、二〇〇七年）
浅野裕一『孫子』（講談社、一九九七年）
グレアム・アリソン（藤原朝子訳）『米中戦争前夜　新旧大国を衝突させる歴史の法則と回避のシナリオ』（ダイヤモンド社、二〇一七年）
有馬成甫監修、石岡久夫編『日本兵法全集』全七巻（人物往来社、一九六七年）
一坂太郎『高杉晋作の手紙』（講談社、二〇一一年）
海原徹『吉田松陰　身はたとひ武蔵の野辺に』（ミネルヴァ書房、二〇〇三年）
落合豊三郎『孫子例解』（軍事教育会、一九一七年）
郭化若訳註（立間祥介監訳）『孫子訳注』（東方書店、一九八九年）
金谷治『新訂孫子』（岩波書店、二〇〇〇年）
神子侃、水野史朗編『孫子と毛沢東　中国的思考の秘密』（北望社、一九七〇年）
小谷賢『インテリジェンス　国家・組織は情報をいかに扱うべきか』（筑摩書房、二〇一二年）
佐藤堅司『孫子の思想史的研究　主として日本の立場から』（風間書房、一九六二年）
下程勇吉『吉田松陰の人間学的研究』（広池学園出版部、一九八八年）
杉之尾宜生編著『戦略論大系 孫子』（芙蓉書房出版、二〇〇一年）

正堂会編著、岡崎清執筆、落合孝幸監修『落合豊三郎と孫子の兵法　歴戦の参謀兵を語る　正々堂々と生きた男の記録』（私家版、一九九五年）
関誠『日清開戦前夜における日本のインテリジェンス　明治前期の軍事情報活動と外交政策』（ミネルヴァ書房、二〇一六年）
武岡淳彦『新釈孫子』（PHP研究所、二〇〇〇年）
田中光顕『維新風雲回顧録』（河出書房新社、一九九〇年）
野口武彦『王道と革命の間　日本思想と孟子問題』（筑摩書房、一九八六年）
野口武彦『江戸の兵学思想』（中央公論社、一九九一年）
野中哲照『後三年記の成立』（汲古書院、二〇一四年）
服部千春『孫子聖典』（けやき出版、二〇〇二年）
マイケル・I・ハンデル（杉之尾宜生、西田陽一訳）『孫子とクラウゼヴィッツ　米陸軍戦略大学校テキスト』（日本経済新聞出版社、二〇一二年）
樋口透『『孫子』問答』（文芸社、二〇〇二年）
平田昌司『『孫子』　解答のない兵法』（岩波書店、二〇〇九年）
福本椿水『吉田松陰孫子評註訓註』（誠文堂新光社、一九三五年）
前田勉『近世日本の儒学と兵学』（ぺりかん社、一九九六年）
毛沢東『毛沢東軍事論文選』（外文出版社、一九六九年）
森田吉彦『兵学者吉田松陰　戦略・情報・文明』（ウェッジ、二〇一一年）

守屋淳監訳・注解、臼井真紀訳『アミオ訳孫子』（筑摩書房、二〇一六年）
守屋洋『孫子の兵法』（三笠書房、一九八四年）
山口県教育会編『吉田松陰全集』全十巻（岩波書店、一九三四～三六年）
山口県教育会編『吉田松陰全集』全十二巻（岩波書店、一九三八～四〇年）
山口県教育会編『吉田松陰全集』全十巻および別巻（大和書房、一九七二～七四年）
山崎有恒、尚友俱楽部編『伊集院兼寛関係文書』（芙蓉書房出版、一九九六年）
湯浅邦弘『軍国日本と『孫子』』（筑摩書房、二〇一五年）
吉田松陰（松浦光修編訳）『[新訳] 留魂録　吉田松陰の「死生観」』（PHP研究所、二〇一一年）
吉田松陰（松浦光修編訳）『【新釈】講孟余話　吉田松陰、かく語りき』（PHP研究所、二〇一五年）
エドワード・ルトワック（奥山真司監訳）『自滅する中国　なぜ世界帝国になれないのか』（芙蓉書房出版、二〇一三年）
David Lai, *Learning from the Stones: A Go Approach to Mastering China's Strategic Concept, Shi* (Carlisle, Pa.: Stragic Studies Institute, 2004)
于汝波主編『孫子学文献提要』（軍事科学出版社、一九九四年）
李則芬『以孫子兵法証明日本必敗』（生活書店、一九三九年）
郭化若撰『孫子訳註』（上海古籍出版社、二〇〇六年）

PHP INTERFACE
https://www.php.co.jp/

森田吉彦［もりた・よしひこ］

1973年、神戸市生まれ。京都大学大学院人間・環境学研究科博士後期課程修了。京都大学博士（人間・環境学）。国際史、国際政治学、日本思想専攻。現在、大阪観光大学国際交流学部教授。著書に『兵学者吉田松陰――戦略・情報・文明』（ウェッジ）、『評伝 若泉敬――愛国の密使』（文春新書）などがある。

吉田松陰『孫子評註』を読む

日本「兵学研究」の集大成

（PHP新書 1167）

二〇一八年十二月二十八日　第一版第一刷

著者――森田吉彦
発行者――後藤淳一
発行所――株式会社PHP研究所
東京本部――〒135-8137 江東区豊洲5-6-52
第一制作部PHP新書課 ☎03-3520-9615（編集）
普及部 ☎03-3520-9630（販売）
京都本部――〒601-8411 京都市南区西九条北ノ内町11
組版――有限会社メディアネット
装幀者――芦澤泰偉＋児崎雅淑
印刷所・製本所――図書印刷株式会社

ISBN978-4-569-84192-2

PHP新書刊行にあたって

「繁栄を通じて平和と幸福を」(PEACE and HAPPINESS through PROSPERITY)の願いのもと、PHP研究所が創設されて今年で五十周年を迎えます。その歩みは、日本人が先の戦争を乗り越え、並々ならぬ努力を続けて、今日の繁栄を築き上げてきた軌跡に重なります。

しかし、平和で豊かな生活を手にした現在、多くの日本人は、自分が何のために生きているのか、どのように生きていきたいのかを、見失いつつあるように思われます。そして、その間にも、日本国内や世界のみならず地球規模での大きな変化が日々生起し、解決すべき問題となって私たちのもとに押し寄せてきます。

このような時代に人生の確かな価値を見出し、生きる喜びに満ちあふれた社会を実現するために、いま何が求められているのでしょうか。それは、先達が培ってきた知恵を紡ぎ直すこと、その上で自分たち一人一人がおかれた現実と進むべき未来について丹念に考えていくこと以外にはありません。

その営みは、単なる知識に終わらない深い思索へ、そしてよく生きるための哲学への旅でもあります。弊所が創設五十周年を迎えましたのを機に、PHP新書を創刊し、この新たな旅を読者と共に歩んでいきたいと思っています。多くの読者の共感と支援を心よりお願いいたします。

一九九六年十月

PHP研究所

PHP新書

［知的技術］

929 人生にとって意味のある勉強法　陰山英男
933 すぐに使える！ 頭がいい人の話し方　齋藤 孝
944 日本人が一生使える勉強法　竹田恒泰
983 辞書編纂者の、日本語を使いこなす技術　飯間浩明
1002 高校生が感動した微分・積分の授業　山本俊郎
1054 「時間の使い方」を科学する　一川 誠
1068 雑談力　百田尚樹
1078 東大合格請負人が教える できる大人の勉強法　時田啓光
1113 高校生が感動した確率・統計の授業　山本俊郎
1127 一生使える脳　長谷川嘉哉
1133 深く考える力　田坂広志

［経済・経営］

187 働くひとのためのキャリア・デザイン　金井壽宏
379 なぜトヨタは人を育てるのがうまいのか　若松義人
450 トヨタの上司は現場で何を伝えているのか　若松義人
543 ハイエク 知識社会の自由主義　池田信夫
587 微分・積分を知らずに経営を語るな　内山 力
594 新しい資本主義　原 丈人
620 自分らしいキャリアのつくり方　高橋俊介
752 日本企業にいま大切なこと　野中郁次郎／遠藤 功
852 ドラッカーとオーケストラの組織論　山岸淳子
882 成長戦略のまやかし　小幡 績
887 そして日本経済が世界の希望になる　ポール・クルーグマン［著］／山形浩生［監修・解説］／大野和基［訳］
892 知の最先端　クレイトン・クリステンセンほか［著］／大野和基［インタビュー・編］
901 ホワイト企業　高橋俊介
908 インフレどころか世界はデフレで蘇る　中原圭介
932 なぜローカル経済から日本は甦るのか　冨山和彦
958 ケインズの逆襲、ハイエクの慧眼　松尾 匡
973 ネオアベノミクスの論点　若田部昌澄
980 三越伊勢丹 ブランド力の神髄　大西 洋
984 逆流するグローバリズム　竹森俊平
985 新しいグローバルビジネスの教科書　山田英二
998 超インフラ論　藤井 聡
1003 その場しのぎの会社が、なぜ変われたのか　内山 力
1023 大変化——経済学が教える二〇二〇年の日本と世界　竹中平蔵
1027 戦後経済史は嘘ばかり　髙橋洋一
1029 ハーバードでいちばん人気の国・日本　佐藤智恵
1033 自由のジレンマを解く　松尾 匡
1034 日本経済の「質」はなぜ世界最高なのか　福島清彦
1039 中国経済はどこまで崩壊するのか　安達誠司

1080 クラッシャー上司 松崎一葉
1081 三越伊勢丹 モノづくりの哲学 大西 洋／内田裕子
1084 セブン-イレブン1号店 繁盛する商い 山本憲司
1088 「年金問題」は嘘ばかり 髙橋洋一
1105 「米中経済戦争」の内実を読み解く 津上俊哉
1114 クルマを捨ててこそ地方は甦る 藤井 聡
1120 人口知能は資本主義を終焉させるか 齊藤元章／井上智洋
1136 残念な職場 河合 薫
1162 なんで、その価格で売れちゃうの？ 永井孝尚

［人生・エッセイ］

263 養老孟司の〈逆さメガネ〉 養老孟司
340 使える！『徒然草』 齋藤 孝
377 上品な人、下品な人 山﨑武也
507 頭がよくなるユダヤ人ジョーク集 烏賀陽正弘
600 なぜ宇宙人は地球に来ない？ 松尾貴史
742 みっともない老い方 川北義則
763 気にしない技術 香山リカ
827 直感力 羽生善治
859 みっともないお金の使い方 川北義則
873 死後のプロデュース 金子稚子
885 年金に頼らない生き方 布施克彦
900 相続はふつうの家庭が一番もめる 曽根恵子
930 新版 親ができるのは「ほんの少しばかり」のこと 山田太一
938 東大卒プロゲーマー ときど
946 いっしょうけんめい「働かない」社会をつくる 海老原嗣生
960 10年たっても色褪せない旅の書き方 轡田隆史
966 オーシャントラウトと塩昆布 和久田哲也
1017 人生という作文 下重暁子
1055 なぜ世界の隅々で日本人がこんなに感謝されているのか 布施克彦／大賀敏子
1067 実践・快老生活 渡部昇一
1112 95歳まで生きるのは幸せですか？ 池上 彰／瀬戸内寂聴
1132 半分生きて、半分死んでいる 養老孟司
1134 逃げる力 百田尚樹
1147 会社人生・五十路の壁 江上 剛
1148 なにもできない夫が、妻を亡くしたら 野村克也
1158 プロ弁護士の「勝つ技法」 矢部正秋